知心書A

書知
A心

恰如其分的自尊

L'ESTIME DE SOI

Christophe André　François Lelord

[法] 克里斯托夫·安德烈
弗朗索瓦·勒洛尔 著　周行 译

生活·讀書·新知 三联书店　生活書店出版有限公司

图书在版编目（CIP）数据

恰如其分的自尊／[法国]克里斯托夫·安德烈，[法国]弗朗索瓦·勒洛尔 著；周行 译．—北京：生活书店出版有限公司，2015.8（2025.10 重印）

ISBN 978-7-80768-093-2

Ⅰ．①恰… Ⅱ．①克…②弗…③周… Ⅲ．①自尊－通俗读物
Ⅳ．①B842.6-49

中国版本图书馆 CIP 数据核字（2015）第 127515 号

策划编辑 李 娟
责任编辑 郭超敏
封面设计 潘振宇
版式设计 申设计
责任印制 孙 明
出版发行 生活书店出版有限公司
（北京市东城区美术馆东街22号）
图 字 01-2015-3003
邮 编 100010
经 销 新华书店
印 刷 北京启航东方印刷有限公司
版 次 2015年8月北京第1版
2025年10月北京第27次印刷
开 本 880毫米×1230毫米 1/32 印张10.75
字 数 180千字
印 数 208,001–211,000册
定 价 42.00元
（印装查询：010-64052066；邮购查询：010-84010542）

序 言

“我不爱我自己……

“小时候，我梦想成为另外一个人。我不喜欢我自己的样子，不喜欢我拥有的一切。我想要别人的头发、别人的父母，想生活在另外一个地方。我总觉得别的孩子都比我好，比我漂亮，比我有天赋，比我受欢迎，更得老师的宠爱。我知道有比我更差的人。当我偶尔向我母亲倾诉时，她是这么告诉我的：‘你不是最不幸的人，也不是最没有天赋的人。’在我看来，这根本算不上安慰。此外，当我感到难过时——我经常会感到难过——我根本不相信一切会好起来。我觉得自己是全人类中最无用的那一个。我的青春期一塌糊涂。我常常认为自己很丑，样子太难看，心里充满了各种障碍。慢慢地情况变得好了一点，但今天一旦有个男人爱上我，我知道一定是出了什么错。我想是他看走了眼。他爱上的是一个假象，一个我好不容易打造的假象。他爱上的绝对不是我，不是真正的我。如果我喜欢这个男人，我会感到非常恐惧。如果我们交往，他一定会发现我是个冒牌货，发现我的各种缺陷，很快就会像我嫌弃自己一样嫌弃我，然后抛弃我。而我却不能抛弃自己。我被困在我的身体，讨厌我自己，却不得不与自己孤老终身。

“我的工作也不能给我带来安慰。其实这是理所当然的，我不相信我自己，做着一个我不太喜欢、远远低于我的能力水平又根本不感兴趣的工作，日渐麻木。”

“我不爱我自己。”这个年轻的女人已经向我倾诉了半个小时。尽管我当时经验尚浅，刚完成我的精神治疗论文答辩，我直觉不能急于问她各种问题或者说几句安慰的话。她说着说着就哭起来，然后道歉，擦干眼泪又继续说。我一边听她说，一边在脑子里回顾各种不同的抑郁症症状。也许她是患上了抑郁症。可是她的症状都对不上。这位年轻女性并不是抑郁，并非得了真正的抑郁症。那么她的情况就没有那么严重了吗？我完全不能肯定。她的痛苦在我看来似乎更加深重，源于她的过去，深深扎根于她的内心深处。

后来我才发现，我的这位病人其实是另外一种心理障碍。她聪明貌美，就像人们说的那样，拥有一切获得幸福的先决条件，什么都不缺，只缺一件东西：一点点自尊。

目 录

第一部分：你尊重自己吗？请自测

第一章　自尊心的三大支柱

第二章　自尊还是自蔑

第二部分：理解自尊

第五章　自尊从哪里来？

第六章　自尊对成年人的影响

第七章　自尊和自我形象

第八章　理论

第三部分：如何维护和修补自尊

第九章　自尊方面的疾病

第十章　保护自尊的心理调节方法

第十一章 我爱自己故我在

第一部分

你尊重自己吗?

请自测

第一章

自尊心的三大支柱

你的心中充满了秘密，你谓之“我自己”。

——保罗·瓦莱里（Paul Valéry）

Les trois piliers de l'estime de soi

跟你的亲人、朋友和同事做一个小小的测验。跟他们谈谈自尊，你会马上发现，他们对此都表现出极大的兴趣，似乎这是一个非常重要的概念，与他们密切相关。可是让他们给你一个尽可能具体的自尊的定义，绝大多数人都无法做到。因为，自尊是人格的最根本组成部分之一。这是一种非常隐蔽、难以捉摸的复杂现象。不是所有人都能意识到。

自尊这个概念在西方文化中占据着重要的一席，尤其是在美国。英语里的self-esteem一词在日常生活中极为常用。在法国，我们通常使用“自爱”，带有更多情感的色彩，甚至更加敏感。自尊这种说法更为客观。estimer来自于拉丁文aestimare，即évaluer(评估\评价)，拥有双重含义:其一，评估某个事物的价值；其二，对某个事物的看法。我们得到的最精炼的定义是一个少年提供的答案：自尊？就是我们怎么看待自己，是否喜欢我们眼中的自己。

这种对自己的评判的目光对我们的心理平衡极为关键。如果评判是积极的，它会让我们高效地行动，自我感觉较好，能够面对生存中的各种困难；如果评判是负面消极的，会带来各种痛苦和不快，影响我们的日常生活。花点时间好好评估自己的自尊并不是一个无谓的游戏，而是一种很有益处的测试。

自尊：问问自己这些问题

花几分钟想想以下三个系列的问题。你的回答能够帮助你评估自己的自尊。

- 我是谁？我有哪些优点和缺陷？我能做什么？有哪些成功，哪些失败？我有哪些长处和不足？在我自己眼里，在亲友眼里，在那些认识我的人眼里，我的价值是什么？
- 我是否把自己视作一个值得别人同情、喜欢和爱的人？或者相反，我是否常常怀疑自己被人欣赏和喜爱的能力？我是否按照我自己的愿望在生活？我的行动是否与我的愿望和观点一致？或者相反，我是否因为我自己想成为的样子和我实际的样子之间存在巨大的差异而感到痛苦？我是否能平静地接受我自己，还是总觉得不满意？
- 我什么时候曾（最近一次）对自己失望、不满和感到难过？什么时候我为自己感到骄傲、满意和快乐？

对自己有信心，对自己很笃定，自我感觉不错——在日常语言中这些说法有很多，都是用来描述自尊的。实际上每一种说法都反映了自尊的不同侧面。

自尊的日常面貌

术语	描述	概念的某一侧面
对自己有信心	相信自己有能力高效行动（对行动的预期）	突出行动与自尊之间的重要关系
对自己满意	满意自己的行动（对行动的评估）	没有自尊，即使成功也不会感到对自己满意
对自己很笃定（1）	做决策，坚持自己的选择	较强的自尊通常与稳定的选择联系在一起
对自己很笃定（2）	无论处境如何，不怀疑自己的能力和长处	较强的自尊让人在任何情况下都能够表现出自己的能力
自爱	对自己充满善意，对自己满意	自尊当中存在喜爱的情感
自恋	对尊严有一种非常（或过于）强烈的情感	自尊的最大敌人是别人的批评
认识和了解自己	能够以具体详细的方式描述和分析自己	了解自己是什么样的人才能评估自己
肯定自己	维护自己的观点和自己的利益	自尊有时候需要保卫自己的领域
接受自己	接纳自己的优点和缺陷，形成自己较好的（或可接受的）总体形象	有缺陷并不意味着没有较强的自尊心
相信自己	独自穿越沙漠，即使未能获得成功或支持，也能滋养自尊	有时候自尊并不是建立在成功之上，而是建立在信念和对自己的看法之上
对自己有极高的期望	坚信自己能够达成很高的目标	企图心和自尊往往密切相关
为自己感到骄傲	获得成功使个人价值感增强	自尊需要成功来滋养

实际上，自尊由三大“成分”构成：自信、自我观和自爱。三者的适当组合才能让人拥有恰如其分的自尊。

自爱

自爱是最重要的成分。自尊意味着自我评判，而自爱是完全无条件的。尽管自己有缺陷不足，有失败挫折，但人都是爱自己的，就是因为内心深处有一个小小的声音告诉我们，我们值得爱和尊重。这种无条件的自爱并不取决于我们的表现好坏。这就解释了为什么我们能在经历挫折失败之后重新站起来。当然，在遇到困难时我们还是会感到痛苦和怀疑，但自爱让人免于绝望。

今天我们知道——我们后面会再谈到这个问题——自爱在很大程度上取决于我们的家庭在儿童时期给予我们的爱以及情感的滋养。一位42岁的手工艺人对我们说：“我最感激父母的一点是，他们给了我这样的信念：我是一个好人，尽管我曾经令他们失望。青春期的我学业一团糟，还做了不少傻事蠢事，但我始终觉得他们不会不再爱我，他们坚信我会成为一个有用的人。他们狠狠地教训了我，可他们从来不说我一无是处。”

因为缺乏家庭的爱而导致缺乏自尊是最难补救的，精神治疗师称之为“人格障碍”，也就是说这些病人与人相处的方式会令他们经常与人发生冲突或者无法成功地建立人际关系。比如这个32岁的小学教师，她说："我一直没找到一个能与我共度一生的人。一旦关系亲密，我就开始感觉受到威胁。我也不知道自己怕什么。反正不能失去自由，其实我也不知道保持自由有什么好处。因为我不爱自己，我觉得不可能有人会爱我。跟男朋友在一起时我就有受迫害妄想症，我觉得其中一个人跟我在一起纯粹是为了性，另外一个是为了住在我的公寓里（因为他失业后没有住处），还有一个是因为他根本不知道自己想要什么。有人会想跟我一起生活仅仅因为他爱我，这一点我完全无法相信，而且会让我感到恐慌。我不值得被爱，永远不会达到对方的期望，终究会令他失望。"

自爱确实是自尊的基石，也是人内心深处最为秘密的一个部分，然而，在一个人的社会化面具之下，我们很难弄清他究竟有多爱自己。

自我观

我们看待自己的目光，对自己优缺点的评估，无论是否有根有据，这是自尊的第二大支柱。这不仅仅指对自己的认识和了解，实际情况并不重要，重要的是人对自己优缺点的评价，认为自己有哪些潜力和不足。从这个意义上来说，主观性占绝对优势。旁人很难观察，也不容易理解。这就是为什么一个有心理障碍的人（就是说自尊心很弱的人）经常会让他周围的人感到迷惑不解，因为他们看不到这个人所自认为的那些缺点。某位妈妈谈到她的长女时这么说道："很显然，我们看待她的眼光跟她看待自己的眼光完全不一样。她总是觉得自己长得难看，可是我觉得我16岁的女儿聪明又漂亮，我们的朋友也这么认为。我们想跟她讨论这个问题的时候，似乎我们在说着不同的语言，根本无法沟通。"

如果一个人对自己的评价和期待是积极的，它会成为一种内在的力量，让人经受住挫折考验，达成最高目标。戴高乐将军当年就是凭着极强的自尊，于1940年6月18日在伦敦发出宣言，号召法国人民抵抗法西斯，而当时法国已经被德国侵略者占领。戴高乐将军对自己个人命运的远大期望与他对"法国的想法"一致，这是幸事。反过来，如果缺乏自尊，对自己的评价颇为消极，会花费很多时间才能找到属于自己的道路。玛丽安娜的情况就是如此，这位45岁的时尚造型师说道："一想到自己花了两三年的时间去学医就非常懊恼，我本身非常讨厌学这个，只是在我父亲的强烈建议之下才去学的。其实我知道我不喜欢学医，我的兴趣在艺术领域，但我不太确定自己有能力在艺术领域成功，害怕去尝试。"

一个人对自己的评价主要来自于他的家庭环境，特别是父母为他制定的发展目标。有时候，某些孩子无意识地肩负着重任，替父母完成他们自己未能完成的心愿，被称之为“肩负重任的孩子”。极度缺钱的母亲会激励女儿只与富家子弟来往，曾经学业极差的父亲会要求他的儿子考入名校。这些目标也没有错，但是前提是不能给孩子太大的压力，并且要考虑到孩子自己的愿望和能力。否则，这将是不可能完成的任务，孩子会因为无力达成父母所期待的远大理想而十分痛苦。无视孩子的疑虑和不安将使他日后在自尊心方面极易受到打击。21岁的大学生让·巴蒂斯特说：“我总是害怕令我的父母失望。我的父亲没有念过大学，原因我也不太清楚，但他的兄弟姐妹都有很好的学历。我父亲因此总想让我在任何方面都超过别人，在学校成绩第一，在运动场上也是第一，还要学弹钢琴。他对我要求很高，好像我有无限的潜能。我一直觉得这是一种支持和激励。我从小表现优异，被人欣赏。这让我父亲高兴，所以我也觉得高兴。但是这也使我非常焦虑，害怕失败。直到今天我还是始终担心令我父亲失望。因为感觉他对我充满了信心，我也确信我配得上最好的东西。我现在就读于名校，交往的女朋友都是漂亮的富家女孩。我认为自己将来可以获得很高的社会地位，但是这种看法并不影响我对失败心存极大恐惧。我非常敏感，一旦得不到我想要的，我就会发狂。心底里，我感激父亲给了我这种一切都要最好而我也有能力做到最好的信念，但是我缺乏一种内在的力量，一种面对挫折心平气和的气度。我仍不敢肯定我已经达到了父亲对我的全部希望。也许随着年龄的增长我能做到？”

相反，自我观令人对他人产生依赖。这样的人能与他人建立令人满意的人际关系，但仅满足于扮演追随者的角色，走别人走过的老路，很难建立和执行自己的计划。50岁的皮埃尔说：“我的父母很爱我，给了我全部的爱，但他们一定在什么地方出了问题。我从来不敢做我自己。我觉得自己一辈子都在跟随着别人，等着别人示意，告诉我：这条路是畅通的，没有问题，你可以走。比如大学时，我跟高中时最好的朋友学了同一个专业，他刚跟女友分手，我就和那个女生交往，假如他离婚，我很有可能会娶他的前妻。说到大学，回过头来看，我觉得我本该学工程专业，可我不敢。我选择了商业技术，并不是因为喜欢，而是因为害怕失败。在工作上也差不多，我的上司批评我缺乏野心，没有长远目光，尽管我很优秀。想到这一点，我的父母也是如此。我父亲干着非常无趣的工作，耗了一辈子。母亲为了照顾我们兄弟几个做了全职主妇，牺牲了自己喜欢的小学教员的工作。”

自信

自尊的第三大支柱是自信，人们经常把自信与自尊混为一谈。自信主要是针对我们的行为而言。有自信，是认为自己有能力在重要的场合采取恰当的行动。当一位母亲说“我的儿子没有自信”，她的意思是，她的儿子怀疑自己在工作中没有相应的能力面对挑战，不能面对他人，不能让他人欣赏自己的能力，等等。

与“自爱”，尤其是“自我观”不一样的是，判断一个人是否自信并不困难，只需要跟这人多交往，观察他在出乎预料的新情况下、重要的场合里或是在做事遇到困难时采取什么样的行动就能找到答案。所以，自信可能看似不如自爱和自我观那么重要，是后两者的结果——这种说法也不无道理——但是自信的作用在我们看来也非常关键，因为自信需要行动来维持和发展，平日里的小小成功对于我们的心理平衡是必需的，就像食物和氧气对于我们保持身体健康一样必不可少。

自信从哪里来？主要来自于我们所接受的家庭教育模式和学校教育模式。孩子是否学习到失败是他的行为的一种可能后果，但并非不可挽回的灾难？孩子的尝试和成功是否会获得同等的奖励？怎么让他学会从困难中汲取教训，而不是得出最好不要采取行动的结论？自信要通过言传，更要通过身教。鼓励孩子接受失败而自己却不能接受，这样是没有用的。孩子知道通过成年人的行为而不是言语来判断大人们的真正想法。

不过度地害怕未知或挫折，可显示出较高的自信。一位猎头说：“在招聘时，我更关注他的自信程度而不那么关注技术方面的知识。如何测试一个人的自信程度？其实就是通过对他的弱点和简历上的漏洞找茬，故意小小地刁难一下。如果他能接受，如果他承认自己的不足而并不贬低自己，也不尝试掩盖自己的缺点或者是进行反击，我觉得他在公司中的行为也会如此，他的同事的感受会跟我的感受一样。”

诚然，自信不足并不是一个不能克服的缺陷，但是那些自信不足的人经常会很拘谨，尤其表现在写信、打电话这种日常小事中。一名30岁的副业务代表说：“其实，我觉得我是个挺招人喜欢的人，能力也不错，我很清楚自己喜欢做什么，至少我梦想着去做。这让我觉得有可能实现我的想法。但是，到目前为止我还没能采取任何行动来接近自己的目标。比如我想辞去销售的工作，改行当老师。但是我必须重新读一个文凭。我害怕自己做不到。有时候我会怀疑自己的选择。万一我不适合当老师呢？结果把手里已有的放弃了，去追寻一个虚无缥缈的目标。”

自尊的平衡

自尊的三大支柱通常是互相依存的。自爱（无论遇到什么困难都尊重自己，听从自己内心的需要和欲望）无疑会让人对自己有一种积极的评价（相信自己的能力，对未来有愿景），接着会对自信产生积极的影响（积极行动，对失败没有过度的担心，也不过度害怕别人的评判）。然而有时候，在某些人身上，这三种东西彼此分离。以消极的自我观为例，此人只是有表面的自信，一旦出现严重的阻碍或者长期的问题，他的自尊就瓦解了。另外一例，缺乏自爱，此人经历成就非凡，因为他对自己的期待特别高，一次情感上的失败，就能让他以为已被永久埋藏的怀疑和情结再次浮出水面。也许这是一种极大的缺乏自信的表现，这人接受了完美的教育，他的父母把他保护得太好，太过宠爱，不曾让他经历或早些面对现实。尽管他得到了很多的爱，但他对自己是否能够成功始终心存怀疑。

自尊的三大支柱

	自爱	自我观	自信
来源	孩子所接受的情感滋养的品质和一致性	期待、目标和父母的想法在孩子身上的投射	学会行为规范，敢于尝试，坚持不懈，接受失败
益处	情感的稳定；与其他人建立充分信任的关系；能够忍受批评和拒绝	有野心和目标；能忍受挫折和不顺	能够迅速轻易地采取行动；能够忍受失败
匮乏的后果	怀疑自己有被他人欣赏的能力；坚信自己达不到别人的要求；自我形象较差，即使取得实际的成功	做选择时不够大胆；依赖别人的意见；不够坚持自己的意见；从众	拘谨；犹豫；放弃；没有毅力

自尊或多重自尊？

比如，一个人可以在自己的专业领域有较强的自尊，而在情感生活方面自尊较低。情况和对象不同，个人价值感可能发生很大变化。一位40岁的工程师说："在工作中，我是一个受人推崇的专家，但在私人生活方面却很不成功。因此，我在职业领域自我感觉良好，我知道自己很有才干，而且受人尊重。我会毫不犹豫地表达我的意见，有时候也会反对别人的意见。我会维护自己的观点。认识新的朋友、客户或者同事时，我感觉很自在，跟他们接触非常自然轻松，觉得自己值得别人尊重。然而，一旦离开职业领域，一切就变得很难，连行走、说话、看人都觉得没有那么自在，我觉得自己好像完全变成了另一个人，需要别人的时候，我会变得不太主动，不愿意冒险。我怀疑自己没有魅力吸引我喜欢的女性，开口跟她说话的时候我会紧张地注意她的反应，似乎很快就会觉察她开始表现出厌烦。"

不过，对大部分人来说，在一个领域的成功或失败，或多或少会对其他领域里的自尊产生影响，一个人失恋时被抛弃的感觉会让他的整体个人价值感下降。反过来，在某一领域的成功经常会给人的整体自尊带来迅速提升。这也是为什么意大利裔美国作家约翰·方特（John Fante）曾在小说*Bras*里如此描写一位18岁的年轻人：他出身贫寒，其貌不扬，特别珍爱自己的左臂，因为他的左臂让他成为了优秀的棒球选手，使在其他方面被人瞧不起的他有了更多的自尊。他说：“是我的左臂助我平步青云，亲爱的左臂连着我的心，这是上帝赐予我的神圣祝福，如果说上帝把我降生在一个可怜的砌砖匠（指他父亲）家庭，上帝又赐给了我这个宝贵的礼物，它简直就是一个奇迹。”

相反，另一些研究者认为，自尊是不可切分的，一个人如果在某个领域拥有较强的自尊，就很难不对其他的领域产生积极影响；反过来，在某一方面较低的自尊一定会影响我们总体上对自己的满意度。自尊因此只能被看作对自身的总体看法。如果这个看法是善意和积极的，就会使我们扬长避短。26岁的护工罗伦斯这么说：“我确实算不上一个美女。我也很想自己长得更漂亮一点，我并不想掩饰这个想法。但我知道我也能讨人喜欢。我有其他的优点，我很风趣，也不是太笨，又很乐观。我知道有人欣赏我。至于那些在街上不愿多看我一眼的人，算是他们的损失呗。”

相应地，过低的自尊会让我们对自己过于严苛，看不到自己取得的成就，在获得幸福的路上遭遇巨大阻碍。“我觉得自己这一辈子都在拼命追求一个得不到的东西，”一名48岁的医生如是说道，“我在青少年时期就有一些心理障碍，但因我在学业上取得了比较好的成绩，所以我对自己有了较大的自信。从学医开始，我就想成为住院医生，然后成为主任医师。我做到了，因为我把全部精力都投入到了其中，对我来说那曾经是一个极其重要的目标，证明我自己是个有价值的人。可是今天，我还是像从前一样对自己心存怀疑，还是对自己不够满意。我总是会嫉妒那些开会时谈笑风生，看起来比我轻松自在，科研做得比我好的、比我聪明的同僚。然后我又想，这种对成功的无止境的追求使我忽视了我的伴侣和孩子们。这个想法让我感到后悔，让我更加怀疑自己的决定。也许我当初的选择是错误的——没有选择那些会让我更幸福的道路。”

怎样在聚会中组织朋友们讨论自尊问题

当你和一群彼此欣赏（这很重要）的人聚会时，请每一个人给他（她）本人的自尊打一个分数，从零分到二十分。请注意，有一些人可能会觉得这个游戏很傻或有点侵犯隐私。请尊重他们的选择，不是所有人都喜欢实用心理学的实验。

计算平均分，然后告诉大家。谁给了自己高于平均分的分数，理由是什么？谁给了自己低于平均分的分数，又是为什么？哪些分数让大家出乎意料？请参加实验的人评一评。

用这样的方式，你会得到每个人愿意让别人知道的自己对自己的自尊评分。他们证明自己给分合理时所给出的理由，会让你了解他们的说法有几分真诚，到底是为了给人留下自信或谦虚的好印象[心理学家称之为“社交期望偏倚”（social desirability bias）]，还是他们的真实想法？

请注意，有些参与者可能将他们的答案分成多个方面：外表8分，智力14分。他们突出自己的哪些优点？在哪些部分对自己评价不高？这里面所暗含的自我评估是不是比他们口头的说法更可信？

自尊的养分

一个年轻的女人最近告诉我们："我经常怀疑自己，生活中有很多事情我都不满意，想改变。有时候我又为自己感到骄傲，尽管我不喜欢骄傲这个词。比如，跟我的三个孩子和我丈夫一起享受轻松时刻，那个时候我感觉非常满足、非常幸福，仔细想想，人一生当中这种感觉很少。我感到非常开心，看到我们一家和和美美、相亲相爱，这种很基本、很情绪化的东西，有点动物本能。然后又有一点更深层的思考，就是满意，感觉自己在这方面取得了成功，养了几个可爱的孩子（尽管他们有时候也会惹人烦），对他人敞开心扉，快乐地生活。这些并不是唾手可得、自然而然的，而是我努力打造的，至少部分归功于我的努力：一面工作，一面照顾三个孩子，可不是那么容易的事情。"

自尊的养分

感觉被爱

+

感觉自己有能力

每个人通过自己的各种活动主要想满足两大需求，这两大需求对于我们的自尊来说都是必不可少的：第一，感觉自己被人爱（被欣赏、同情、受欢迎、被人渴望等）；第二，感觉自己有能力（表现好、有天赋、能干等）。无论在什么领域，我们都期待这双重需求的满足。政客们既想拥有权力（能力），同时也想受人欢迎（爱）；在工作中，我们想成为某个领域的专家，也想得到同事的欣赏；在情感生活中，我们并不只是渴望伴侣的爱，还希望得到崇拜和尊重。只有其中一种得到了满足并不能完全达到我们的期待；被爱而不被崇拜和尊重令人感觉耻辱，得到了尊重却不被欣赏则会让人沮丧。

这些都是培养自尊必不可少的养分，因为自尊不是一次塑造、一劳永逸的，它是我们人格当中不断变化的一部分，需要不断获得滋养。

第二章

自尊还是自蔑

Estime et mésestime de soi

谦逊令人郁闷。

——儒勒·列那尔（Jules Renard）[1]

1　儒勒·列那尔 (Jules Renard，1864-1910)，法国现代小说家、散文家、戏剧作家。——译者注你自我观是怎样的？付诸行动的时候你是如何行事的？你面对失败和成功是什么样的反应？

对这些问题的回答可以让你知道你的自我观，你在自己的眼里地位是高是低，或是毫无地位……[1]

跟我说说你自己

自我贬低的艺术

当你谈论你自己，措辞总是比较谦虚，你不会声称自己勇敢过人，但也不会把自己描述成懦夫，不把自己说成美食

1 本章末有一份问卷，可以利用它快速评估你自尊水平的高低。——作者注

家，尽管你很喜欢好吃的东西，总之，并非人上人也不是小人物。你会避免使用太过绝对的说法，比如“我爱死了”“我痛恨”“我就是这样”，一方面是由于害怕他人对你的评判（如果我谈论自己的优点，别人会觉得我太自负；如果我承认自己的缺点，别人会认为我是个无用的人）；另一方面是因为不了解自己，“说到底，我也不太清楚自己喜欢什么、不喜欢什么”。那么，很有可能您不太看得起自己。

问题并不是说你像一个抑郁症患者那样贬低自己的价值，而是你根本不认为自己有价值。如果给你一系列积极的、中性的和消极的形容词，您不会像自尊极高的人那样选择积极的词来形容自己，您也不一定会选择消极的词形容自己，但很有可能倾向于选择中性的词。

忏悔与自传——
两种谈论自己的方式

历史学家丹尼尔·布尔思丁（Daniel Boorstin）在他的巨著中巧妙地比较了卢梭的《忏悔录》和本杰明·富兰克林的《回忆录》。

本杰明·富兰克林的自尊似乎比较高，而法国作家卢梭的自尊比较低。

尽管《忏悔录》里有部分文字对他自己的描述是比较美化的，但卢梭通常用毫无自满情绪的方式描述自己。“让他们（读者）听我的忏悔，让他们为我的卑鄙而感到不齿，让他们为我的悲惨命运而感到羞愧。”富兰克林则相反，他显摆自己一辈子的成功故事，比如他就这么写道：“爱上自己的人天下无敌。”

布尔思丁指出，卢梭的目的是为自己忏悔并且真诚地忏悔，而富兰克林的目的是为了显得自己很真诚，展现自己的高大形象，像个当代公关高手。

较低的自尊在任何需要谈论自己并把自己推销出去的情况下都是一个巨大的缺陷，比如应聘面试的时候或者追求异性的时候。30岁的司法顾问塞西尔每天都面临这样的困境。“我对这些人很失望，我觉得他们总是倾向于那些有点歇斯底里、喜欢表现自己的人。比如我有个女同事，非常受欢迎，其实她缺点很多，可她就爱到处张扬，‘我喜欢嚼舌根’‘我就喜欢转瞬即逝的东西’，等等等等。所以他们都喜欢她，因为觉得她有意思，让他们安心自在，因为她主动把自己的内心想法全抖落出来。而我，每个人都跟我说你毫无缺点，但我感觉我又是他们眼中最阴暗、最无趣、最呆板的那个人。”

模糊的形象

当被问到关于自己的问题的时候，自尊较低的人会花更多的时间来回答，有时候甚至会感到有点尴尬，这到底是一种谨慎的态度还是一种不要太过绝对、避免表态的智慧？都不是。如果我们让他评价别人，他往往会更快、更明确地表态，这也是自尊较高的人评论自己时的做法。

描述自己的时候，自尊较低的人总是不太有说服力，他的说法甚至会前后矛盾，所以留给对方的印象会因此打折扣。如果社交语境要求他快速地做出评判（现代社会这一趋势日益明显，交往越来越频繁，速度也越来越快），自尊较低的人因为说话前后不一致（尽管与自尊较高的人相比，他们说话的方式更为婉转）往往很容易处于劣势。

正如一个接受治疗的人所说，“我可以觉得自己很强大或者觉得自己一无是处，得看我面对的是谁。”总的来说，自尊较低的人的确很可能根据周围的人或者说话的对象来改变他们的说法。我们可以看出，他们对于社会赞许的担忧常常会影响他们明确表达个人观点。在他们看来，个人观点的有效性永远不如谨慎来得重要。假如一个人敢于身处帕瓦罗蒂乐迷高级餐厅晚宴，却说“不，我从来没有去听过歌剧”，或者和喜欢作者电影的影迷们共处时说“实际上我喜欢好莱坞的轻喜剧”，由此基本可以判断说话者自尊水平是高的，但是有一个前提条件：这些话并不是突然冒出来故意为了出风头，而是在真诚地回答别人的问题。

自尊较低的人的问题是：其自尊因为环境的压力而降低。有个很好的例子是伍迪 · 艾伦在大银幕上扮演的泽里格

（Zelig），这个身份不明的男人不断模仿他的谈话对象，以至于他最后连外形都变得跟对方一样。40岁的女教师安娜·克莱尔总是说："我一直在寻找我自己。比如我对自己的衣着品位毫无信心。我总是会模仿我崇拜的那些人，模仿他们的穿着。一种下意识的条件反射，从外形去模仿我所羡慕的那些人，从小我就是这么做的。模仿我的好朋友，模仿他们的姿势、口头禅和发型，能让我对自己的感觉好一点。"

你给别人留下的形象是什么样

自尊较低	自尊较高
感觉很难认识自己	对自己的认知很清楚
用比较中性的方式谈论自己	用很肯定的明确的方式谈论自己
用模糊不定的方式描述自己	用积极的方式描述自己
对于自己的说法有时候前后矛盾	对自己的说法前后基本一致
对自己的评判不稳定	对自己的评判比较稳定
对自己的评判有时候取决于环境和谈话对象	对自己的评判不受环境和谈话对象影响
缺点： 形象模糊不定	优点： 形象鲜明稳定
优点： 根据谈话对象选择措辞	缺点： 太过肯定和简化， 有可能招致某些谈话对象的不喜欢

为什么自尊较低的人如此谨慎?

对这个问题可以提出多个假设。其一（我们之后会再谈到），自尊较低的人对自己的认知不足，他们坚信解决问题的正确答案不在他们自己身上而在别人身上，所以他们花更多的时间观察别人，然后照搬在自己身上，而不是思索自己的能力。

其二，自尊较低的人比其他人更加害怕社会舆论的评判，所以他们在必须评论自己的时候会更加谨慎小心，会采用比较中性的词。另外，也是因为这个原因，他们会更加小心避免自己出错或给别人留下错误的印象。这种完美主义使他们过分地强调婉转和怀疑。

介绍自己的方式

注意教育和文化的参数

自我介绍的方式不仅仅取决于一个人的自尊，还取决于他所处的社会阶层以及国家文化所赞许的主流模式，尽管现在这些都已经开始趋于同一。

英国人倾向于低调，他们一直以来批评美国人的夸大其词，而美国人认为英国人虚伪。在美国洛杉矶跟人大谈自己的成功故事是很自然的事情，而在英国伦敦就会被人认为是没有教养。

今天，反过来，当我们去美国参加国际会议时，会经常惊讶地看到一些世界知名的美国研究人员用幽默而谦虚的方式介绍他们自己的成果。

在法国，不同的地区和不同的社会阶层有不同的教育模式，有一种“良好的教育模式”强调尽量避免谈论自己，更不要谈论自己的成功，终极目标是与谈话对象（双方均遵循同样的规则）互相比谁更谦逊。同样，夸夸其谈会让斯特拉斯堡人反感，而同样的做法在马赛的一些酒吧里被所有人默许为一种社交游戏。

因为最重要的因素并不是对自我的认知，而是对于自我所持有的信念。自尊水平越高，越觉得自己很了解自己，这种感觉越会对别人产生影响。

对于自尊较低的人来说，谨慎和自我认知上的犹疑不定在某些特定的情况下可以成为优点，同理，自尊较高的人所表现出来的笃定也不一定适合于所有结交的对象和所有社会阶层。然而，现代社会确实并不偏爱细腻，自尊较低无疑对于达到某些目的来说是一种缺陷。

大千世界无奇不有……

把你自己想象成记者、猎头公司顾问或是心理医生。你和两个人进行深入的交谈。第一个人迅速地回答你关于他个人的问题，用积极的词汇描述自己，用明确的态度肯定自己的能力，在访谈当中说话前后一致。第二个人则回答问题极为缓慢，用中性而不是积极的词来描述自己，不明确表态对自己的评价，有时候前言不搭后语。很可能，第一个人给你的感觉比第二个人更加自信——你有理由怀疑第二个人的自尊水平较低。不过，第二个人介绍自己的方式也可能更符合你的需要，假如你更注重对方的质疑能力以及细腻的表述能力的话。

谁能帮我了解我是谁?

有个病人第一次来我们诊所咨询时如此解释他为什么来找我们："我在寻找我自己。"他确实存在比较严重的自尊问题。自尊较低的人往往会意识到他们对自己的认识比较模糊，这种疑虑促使他们自愿进行心理治疗。给失业者（我们可以想象，失业者在自尊方面受到很大打击）做能力分析有时候可以起到心理治疗的作用。一个专门负责为已解雇的前职员安排工作的人承认："我们的工作很大一部分是让他们重拾信心，因为失业这件事一般会对他们心目中的自我形象造成巨大打击。帮助他们发现自己拥有新的竞争力，并且相信他们本身已有的能力，使他们不过分怀疑自己……"

我是谁？我的未来会是怎样？

“你非常需要被爱，被人崇拜。你常常过度自我批评。有时候你会非常怀疑自己。你知道自己有很强的能力，而你没有好好利用。”

你认为上面这段话说得对不对呢？

说这话的人可以说看得很准。大部分人认为这种用套话来骗人的描述是准确的。有人做过一个实验，通过在报纸上发布的星座分析小广告，给150个人发出星座性格分析，其中130个人声称非常满意，觉得说的就是他们自己，而实际上给每一个人的星座性格分析都是一模一样的。一个人越是怀疑自己，越难以了解自己，也就是说一个人的自尊越低，越容易上那些星座、占卜等骗人的把戏的当，越容易相信那些鬼话。那些星座专家和占卜师于是趁机发财……

自尊较低的人对自己的怀疑也会被星相学或手相学等类似的骗术以更加具有争议的方式利用。对自我的疑问自古就有，这种对理解和把握自己“真正的人格”的渴望可以在很大程度上解释几百年来星相学为何经久不衰、持续流行。我们可以认为他们的客户主要是那些怀疑自己、自尊较低的人。对自己的笃定和对未来的安全感就这样被巧妙地过滤掉了。如果没有羞怯的人，就不会有婚姻介绍所；没有受迫害妄想症的人，就不会有私家侦探。如果全世界的人都奇迹般地了解了自尊的秘密，所有的星相学家、通灵者和占卜师就都会破产。

你有什么能力?

人的自尊水平越高，行动越高效，做出决策就会坚持下去，如此良性循环，自尊水平就会更上一层楼。我们现在要谈的就是以选择为轴心，分析决策和实施两者是如何相辅相成的。

去还是不去?

一般来说，自尊较低的人很难做出决策。他们犹豫踌躇，有时甚至反复拖延，有意将今天就能完成的事情拖延到明天。“我改日再去拜访这个重要的客人。”“我这个周末再来写这封棘手的信件。”“我很想再见到她，但是现在太晚了，没法邀请她看今晚的电影了，明天再试吧。”这种态度，治疗师非常熟悉。这可能是更为严重的一种心理障碍症状，抑郁症倾向或者强迫症，但也可能只是一种跟自尊水平相关的个性特点。

选择的两难问题

行动还是不行动？自尊较低的人在面临抉择的时候总会受到同一种困难的困扰，即必须做出决定。“选择就是排除，”一个病人这么说，“排除对我来说很难。我从来不知道如何排除，我很害怕选错。”

他们往往在日常生活中无关痛痒的方面反复犹豫纠结。“在交往之初，米歇尔惹得我很烦，去餐厅吃饭，他要花很长时间选来选去，最终却选了跟别人一样的菜。”压力大的时候，这种情况会变本加厉。“紧张、有压力的时候，我丈夫早晨要花好几个小时挑选领带。平时他很快就选定了。实际上他根本就不在乎时尚和造型，甚至有点不屑一顾。但是当他需要去赴一个很重要的工作约会的时候，好像所有压力都转嫁到了选择领带的问题上。他害怕犯错，显得品位不佳，于是犹豫个没完。”

不过，这种犹豫不决有时候会出现在更重要的关系到生存问题的决策上。有位病人说：“在我的事业中，曾经有机会获得新职位的任命，但是需要搬家。这事既有好处也有坏处，最后我让我太太为我做决定。她为了孩子着想，最终选择留在原地。今天回头想想，我有点后悔。我们在这里过得不错，但我的事业有点停滞不前。我不知道是不是做了正确的选择，但也许离开的结果会更糟糕……”

在心理治疗中，我们经常需要处理这种问题。这种选择困难症主要在于，这些病人认为在他们需要面对的问题里存在“对的”和“错的”两种选择。他们认为必须不惜一切代价选择“对的”那一个，不然会有严重的后果，必须一举定终身。实际上，事情极少如此。我们在人生当中碰到的大部分选择都是有利有弊，每种选择的结果都并非“预先决定”，相反，往往是我们在选择之后如何投入其中反过来使得这个选择成为对的或是错的。选择任何事情都不是预先决定的。我们的未来取决于我们自己。

周围人的影响

因为自尊较低的人难于做决策，所以他们往往倾向于让周围的人（父母、朋友、交结的好人或坏人）影响自己的选择，尤其是当他们要做人生当中的重要决定时，比如说选专业、和谁结婚、选择什么样的职业。从众的道路往往对他是最有吸引力的一条路。我们有时候会用“精神可塑性”这个词来描述容易受到他人意见影响这一人格特质，甚至会用“这人是个墙头草”“他总认为最后一个开口的人说的是对的”这类话评价一个容易受别人影响的人，说明这种因低自尊所造成的行为表现可能会让人反感。

坚持自己的选择

要达到个人的目标，最好是有较高的自尊，执着确实不是自尊较低者的个性特点，他们往往一遇到困难或是一听到反对意见就会放弃。例如，节食的成功主要依赖的是自尊的水平，如果自尊水平低，有决心却不能坚持，一旦失败就会彻底放弃（“永远成不了”）。自尊水平不会在这一失败过程中得到提高，导致下一次节食减肥的成功几率进一步下降。

在决策中，个人的投入程度非常重要。自尊较高的人一定会对自己做出的选择表现出更多的执着——无论是想要追求自己喜欢的人还是在某种他们热衷的活动中获得胜利——但他们对自己并不太投入的东西不会如此执着，他们也会取消令他们觉得无趣的约会，或者是对做出的承诺反悔。

相反，自尊较低的人反倒会对迫于从众压力做出的选择显得比较执着。最终，他们可能会得到一份毫无意思的工作、一段很不美满的伴侣关系或是不得不履行的承诺，比如每个月的第一个星期天必须与婶婶共进午餐。一旦做出这些选择，承担其相应的责任，他们就很难下决心放弃或者改变，并不是他们有受虐倾向，而是有决策困难。自尊较低的人一旦行动就更容易也更快地受到牵制。他们天生的倾向是继续坚持，而自尊较高的人会说：“停！我不干了。这不是我想要的。”

然而，某些时候，较高的自尊会使人做出争议性的选择。一个很有天分、很自信的少年可能会放弃学业去追寻自己的梦想，去玩摇滚，靠打零工赚钱，不顾一切阻拦（比如说父母的反对）；而他同年龄的同学自尊较低，可能也有同样的梦想，但是不敢实现，他们选择尊重父母的愿望，继续读书。多年之后，很可能结果证明他的同学做的是正确的选择。因此，一个人稍晚一点在成熟年龄获得较高的自尊可能是有益的，可以避免过早做出风险较大的选择。

你怎样付诸行动？

自尊较低	自尊较高
有时候做决策非常艰难或者需要很长时间	总的来说做决策比较容易
经常为自己的选择可能造成的后果担心	高效行动以保证自己的选择成功
在决策中有时太在意周围人的看法	在决策中主要考虑自己的想法
在个人决策中遇到困难就很快放弃	遇到困难还能坚持自己的决定
有时候迫于外界压力而选择	如果发现与自己的利益相违背会拒绝外界强加的选择
短处：犹豫不决或墨守成规	优点：可能成为革新者
优点：审慎，考虑周到，有耐性	缺点：有时候太关注自己的短期利益

你是否对失败和批评特别敏感

失败的惊弓之鸟

每个人都有可能失败，这没什么大不了，只要你的自尊水平不是太低的话。一个人如果自尊太低就很难从失败的打击中恢复过来，很难把失败看作已经过去的历史。比如，一群大学生去查他们的毕业考试成绩，对于那些挂科的学生来说，考试失利会引起抑郁，当然这种抑郁是暂时的。但挂科如果发生在那些自尊低的人身上，我们会发现，一段时间过后，失败的影响在他们身上持续存在。

这种现象有三种解释。从行为的角度来看，自尊较高的人会很快投入到新的行动中去，新的行动使他们不再关注过去的失败，帮助他们忘记失败。从心理的角度来看，较高的自尊使人能够相对地看待失败，不会因为一次的挫折丧失总体自我价值感。从情感的角度来看，自尊较低的人经常会有负面情绪，失败带来的失望会助长他的负面情绪，使其再度深陷其中。

在遭遇外界的批评时也会发生同样的现象。谁都不喜欢受到批评，但是自尊较低的人相对来说更敏感，反应更强烈，受打击的时间也更长。当别人给了他一个负面的评价，很可能会听他说到，因为那句话他整整一个星期夜不能寐。一个病人说："对我来说，所有的批评都是对的。"批评马上被转化为一种社会舆论和对他的个人价值的否定，而不是被看作一条有用的信息。因此，失败在这些人身上会引发悲伤和慌乱，有时候过于强烈，强烈程度与其自尊的水平成反比。

被人说到痛处时……

如果那些批评和负面评价是针对自尊较低的人全力投入所做的事情的话，造成的打击会更大。比如一个年轻的家庭主妇本来就对自己的能力有所怀疑，没有工作的她全心投入到孩子的教育当中，这样的她，很可能因为别人批评了自己孩子几句就哭成泪人。同样，一个刚刚入职、非常想给人留下好印象的年轻人面对新工作感觉压力极大，开会时因为老板的一句话就可能完全崩溃，实际上老板一贯脾气不好，所有人都习惯了，只有他还不适应。

一个绝望的案例

可怜的瓦代尔是孔代亲王的厨师，因为在自己擅长的领域遭遇不利，脆弱的自尊大受打击而了结了自己的生命：1671年，他为亲王准备的大餐所需的鱼和贝类没有及时送达，于是他将一把刀的刀柄插在门洞里，一头撞上去自杀了。

锯齿状心率模式与低落的心情

很多自尊较低的病人心情非常差，这种心理疾病被精神治疗师称为“病理性性情改变”。尽管他们并没有明显的抑郁症，但这种疾病往往会——至少每隔一天——导致情绪悲伤。病理性性情改变的主要症状之一就是自尊水平极低，甚至可以说，在很多病例中，自尊水平低其实是这种病症的起源，导致病人无法面对生活中必须面对的事情。

我想知道真相……

矛盾的是，尽管自尊较低的人因此心情低落，但他们有时候反而最喜欢自讨没趣。一个年轻的女性说："我就想知道，我不能忍受被蒙在鼓里。一旦我对自己不满意，我总想要向别人寻求确认。如果别人告诉我说我并不是很差，我往往不会相信他们说的话。我还想尽办法要听到他们说我不行，因为我总觉得批评比赞扬更加真诚。很可笑的是，当我听到他们的批评，我会连续几个星期不断地想来想去，然后更加难过。我先生现在对我有戒心了。刚结婚的时候，他会顺着我的意思说下去，我问他的时候会坦诚地告诉我哪里有问题。但他很快明白，这样行不通。"

研究表明这种现象是存在的。有人曾把志愿者分成高自尊、低自尊和抑郁三组，请他们选择他们各自收到的关于自己的正面或负面评价（根据其填写的问卷调查表，向其反馈他的优点或缺点）。最乐意听到负面评价的人是抑郁症患者，占82%。自尊较低的人紧随其后，其中64%选择了收到负面评价，而在自尊较高的人里只有25%的人愿意听到对自己的批评。

当然，我们也要谨慎看待这个实验的结果。自尊较低的人只在他们觉得有可能改变的方面愿意听取负面的评价，也许是因为他们认为可以改进自己，而在其他的方面，他们跟其他人一样，还是希望听到别人的赞扬。所以，他们的这种行为是完全合适且正常的。

谁敢批评我？

那些自尊较高的人呢？他们一点都不矛盾。45岁的理查德说："当我做得不好的时候，我不会问别人的看法，那只会让自己感觉更糟糕。我肯定不会授人把柄来打击我。我会自己得出结论。就这样。"这些人不会过分看重批评是否合理。他们有办法在听到负面意见的时候仍然关注自己的优点，因此就不会被负面情绪所影响。实际上，他们觉得说他们好话的人比那些说他们坏话的人更可信，因此他们会主动过滤掉非常令人不快的评语。与自尊低的人恰恰相反，能促使他们修正心目中的自我形象的是赞扬而不是批评。

请注意，这并不意味着他们对批评无动于衷。相反，他们也经常会因为受到批评而情绪不佳。所以当心了，如果他们觉得自己被人质疑，可能会突然高度关注别人的缺点。有研究表明，自尊较高的人往往更容易记住别人犯的错误，如果他们被人抓住了小辫子，他对他人犯错的关注度会提高三倍。这就是为什么你要小心对待你的上级，如果他的自尊极高，那么在他犯错的时候，你懂的……

斯坦利·库布里克（Stanley Kubrick）在1968年拍摄的《2001太空漫游》（*2001: A Space Odyssey*）这部电影中刻画了一部拥有超级智能的超强电脑Hal9000。这台电脑很清楚自己的能力强大（制造者也许给他设计了一个功能叫作高自尊？），也非常敏感。有一次，它发出错误的故障警报，却拒不承认自己犯了错，此后它开始监视那些担心它出故障的宇航员，因为他们讨论是否应该把这台电脑的电源拔掉。电脑因为受到怀疑，故意害死了其中四位宇航员，最后被唯一幸存的宇航员终止运行。

公开还是不公开?

我们还可以再补充一点：如果他们的决策不会带来任何的社会后果，自尊较高和自尊较低的人之间的区别就会很小。实际上，大部分研究指出，自尊较低的人之所以不敢付诸行动，主要是因为害怕别人的眼光和评判，以及相应的后果：被人批评和否定。

某项研究表明，当知道他们的决定会被其他人评判时，自尊较低的人会选择尽量少冒险。当然，自尊较高的人不会这么做。而在没有社会评判的情况下，自尊较高和较低的两种人之间不存在什么区别。

这就是为什么自尊较低的人一般不喜欢参与竞争。六岁的居斯丁娜辩解自己为什么拒绝跟同龄的孩子一起玩桌上游戏：

“我不喜欢会失败的游戏。”对于成年人来说，学习新的体育运动可以作为一种自尊测试。在被一大群人围观的广场上学习滚轴溜冰或滑雪对于自尊较低的人来说是相当难堪的事情。

杜绝失败

杜绝失败有多种可能的方式。自尊较低的人更愿意采取这些方式。

面对失败和批评你是什么反应?

自尊较低	自尊较高
失败之时情绪激动	失败之时情绪激动
失败对其情绪造成持久的影响	失败不会对其情绪造成持久伤害
如果在自认为擅长（因此不应被人批评）的方面遭受批评，会当场崩溃	被人批评敏感之处时不会轻易让步，甚至会激烈地为自己辩解
格外注意别人对自己的负面评价	不在意别人对自己的负面评价
失败之后为自己找理由	失败之后不觉得有必要为自己找理由
失败之后，与比自己强的人相比（如果是他，一定能成功）	失败之后，认为很多人一样也会失败
受到批评就觉得自己被人抛弃	受到批评时不觉得自己被人抛弃
缺点：面对批评，情绪持续低落，甚至反应过度，对尚未发生的事情过度焦虑	优点：面对挫折坚韧不屈
优点：有争取不失败的动力和听取批评意见的能力	缺点：可能不太听取批评意见

最简单、最极端的方式就是尽量不采取行动，但也可以采取所谓的防御性悲观主义的策略，也就是跟周围的人说不相信自己有机会成功（或不相信他的亲友会成功），以此降低不成功时带来的失望。35岁的西尔维是一家旅行社的经理，她说："我记得大学时有个女同学总是特别悲观，她说：'这很难，我不确定能成功。他们今年招的人不多，我觉得他们会很严。'起初，因为我天性比较乐观，听她说这些话，我觉得很担心。在我想象中，她总是如此悲观，心理压力一定很大。不管怎样，我要是像她那样每天都那么想，我肯定会非常郁闷。但实际上那只是她的个性、她的行为方式，她并没有那么紧张，只是缺乏自信罢了，而那些考试她都通过了。"

面对成功，你如何反应？

压力与成功

很早以前我们就知道，某些幸福的事情会给人很大压力。有一个很出名的问卷调查了生活中最让人手足无措的大事，包括结婚、升职、生子等。矛盾吗？不。让我们再看一下"压力"的定义，"压力"是一个人在必须适应处境的突然改变而产生的心理应激状态。这种面对巨大的变化时失控的感觉可以解释我们在自尊较高和自尊较低的人身上看到的不同反应。自尊较高的人习惯于把控处境，他们更愿意把有利于自己的事件掌控在自己手中。“如果我赢了彩票，是因为我买了彩票，选对了数字！”后者则更倾向于认为是命运的安排，而命运有可能在下一次机会来临时捉弄他们。这也是为什么一位37岁的行政管理干部说：“折磨我的是责任。我做事非常勤劳细心，所以不断得到升职机会，但每次升职都让我特别紧张。一提升职，我就想到更多的责任、更多的工作。而且，我马上会问自己能否达到他们的期望，会不会让他们失望？会不会暴露自己的不足？到目前为止一切顺利，可万一哪天不走运了呢？”

幸福焦虑感

我们惊诧地看到，有些病人会有“幸福焦虑感”这样的心理问题，就是说他们难以享受自己成功的喜悦和品味快意的时刻。他们常常看到快乐时刻终将过去，好景不长，或者认为接下来将遭受挫折、困难等。过度意识幸福的不长久，证明他们在内心深处质疑自己应对生活中各种意外的能力，他们把生活看成一系列无止境的考验，他们不让自己过于开心的目的是为了避免日后感觉过度不幸。有点像老农夫爱在极其晴朗的天气里说：“好日子终究要还的……”

假冒者综合征

假冒者综合征这种心理问题常被精神治疗师们碰到，往往出现在那些在自己的领域很成功、被人委以重任、受人信任却怀疑自己的人身上。显然，他们不会把内心的担忧告诉别人，也不会表现出来。“我真的配得上这个职位吗？”他们不断地问自己。他们害怕犯错，怕让所有人知道他们不配。他们经常问自己是不是鸠占鹊巢。一般来说，这些人的自尊水平跟他们的能力发展水平不相匹配。尽管他们已经是专家，却还总是把自己看成是初出茅庐的新手。

这种综合征会对自尊较高的人造成短暂影响：比如说当他们很快平步青云，跳槽到另一个公司开始承担更大的责任的时候。我们的一个病人雅克就是如此。他在出版领域工作，是某出版社高管。该出版社的竞争对手以高薪来挖他的时候，他觉得对方对自己有极高的期待，跟承诺他的高薪成正比，他因此陷入了以前从未经历过的失眠和焦虑之中。

这种综合征也可能在自尊较低的人身上长期存在。尽管他们能力很强，但他们总是想，“我看不出来他们觉得我好在哪里”，因此压力重重，最主要的是他们在完成任务的过程中始终有一种焦虑，焦虑自己的表现。于是，这些表面上看起来毫无问题、物质方面非常成功的人却陷入抑郁。

为什么如此尴尬?

赞美一个自尊较低的人，比如腼腆的人，他会表现出某种程度的尴尬：腼腆的人常在“肯定自己”的集体治疗中练习“如何更好地与人沟通”这一心理治疗师所熟知的心理障碍。我们发现，他们当中大部分人都因不知如何回应别人的赞扬而感到尴尬，有时候甚至会因此冲对方发火。通过观察，我们可以总结出这些人在应对别人的赞美时采取的一系列策略。

自尊较低者回应赞美的艺术

策略	标准回答
尽量弱化自己的作用	不，不是我的功劳
扩大化	无论是谁在我这个职位上 都能做出这样的成绩
用赞美来回答赞美	你也干得很不错
贬低自己的成绩	真的不算什么

对自尊较高的人来说，事情就很简单。成功和赞美与他们的自我观是一致的，对他们来说赞美不过是一种肯定，完全可以坦然地接受，只要当事人根据身处的社会文化规范来进行回应即可。与欧洲人相比，北美人对赞美的回应更加游刃有余。在欧洲，谦虚被看作社交场合上的一大美德。而对亚洲人而言，赞美有时候几近失礼。某个朋友曾经告诉我们这样一个故事：他有一次去中国旅行，给他们旅行团做翻译的那名年轻女孩很

漂亮，他想献献殷勤。谁料他刚刚开口称赞对方的美貌，这个女孩似乎非常不解，然后生气了，对他说的每句话都回应一句：“夸大其词！夸大其词！”

为什么如此尴尬？自尊较低的人面对成功和相应的社会效应会非常不自在，因为这使他们陷入了两难：所谓认知不协调。也就是说，他们觉察到自己自我观（有限或负面的看法）和他们获得的成功或赞扬互相矛盾。这也是为什么自尊心较低的人会马上去想成功之后的事情，因为他们要保证和信守他们的承诺。换句话说，他们从情感上是喜欢成功的，因为感觉比较好，但在心理上是害怕成功的，因为成功与他们的自我观相矛盾，导致他们处在一种必须达到别人的期望的境地。

面对成功，你是什么反应？

自尊较低者	自尊较高者
喜欢成功	喜欢成功
成功会影响他们的自我观	成功肯定他们的自我观
喜忧参半	只有喜没有忧
担心之后不能达到别人的期望，不能保持成功	很少担心不能保持成功这个问题
缺点：喜悦心情受到破坏（幸福焦虑感），成功对其自尊的提高没有帮助	缺点：依赖奖励
优点：谦虚低调	优点：动机加强，成功有益于自尊的提升

生活的动力和自尊

我们已经谈到了对自尊水平的几个影响。当然，在日常生活中差别更为细微，并不像表格里那样截然不同。这些表格中的内容是基于实验心理学研究的结果，高自尊与低自尊人群之间的区别因此非常明显。

我们知道，同一个人的自尊也会有变化，一个低自尊的人会在某些条件有利的情况下表现出高自尊的行为特征，但是在遭遇失败之后又恢复低自尊的态度。这就是平时所说的“被胜利冲昏了头脑”。在顺风顺水时，有些人会特别自信，变得连身边亲近的人都认不出来。我们还知道，自尊可以分成几个部分，尽管一个人的总体自尊水平较低，但他可以在某个领域有较高的自尊。所以他的反应取决于他所处的领域。

自尊与人生抉择

自尊较低者	自尊较高者
害怕失败	希望成功
与水平低于自己的人比，以求安慰	与水平高于自己的人比，为了帮助自己进步
不愿冒险	喜欢冒险
当目标达到就止步不前	不断突破自己的极限
习惯于躲在经验的背后，感到安全	新的经验会让他们感到兴奋
宁愿在各个方面处于中等水平而没有缺陷	喜欢在他们擅长的领域脱颖而出， 能够接受自己在其他领域没那么出色
缺点：自我设限，进步缓慢，凡事从失败的角度来考虑	优点：自我提升，进步迅速，凡事从成功的角度来考虑
优点：谨慎，自制	缺点：冒险，分散

然而，我们所研究的这些不同之处在日常生活中还是会对一个人总体的自尊水平产生持久的影响。一个人总体的自尊水平会极大地影响他的人生选择以及他的生活方式。我们可以看到，高自尊的人寻求个人发展，对风险的接受程度高，而低自尊的人选择自我保护和避免风险的策略。换句话说，自尊高的人想要成功而自尊低的人害怕失败。

很明显，这两种策略从长远来看会产生不同的结果。高自尊会促使人探索更多不同的环境，对自己的信念比较强，因此能在经过若干失败和挫折之后更好地找到“自己的道路”。同时，低自尊会使人限制自己，守在他觉得安全的范围内，最大程度上降低失败的风险。自尊较高的人达到目标之后会追求超越自己，而自尊较低的人会选择止步不前。前者认为“不入虎穴，焉得虎子”，后者则认为“一鸟在手，胜过二鸟在林”。

为了避免对自己的评判过于极端，请在自我评判的时候不要这么想：“我这么做事，因为我是一个高自尊的人（或是一个低自尊的人）”，而应该对自己说：“我如此行事是因为我过去的经历使我的自尊水平提升（或降低）了”。

调查问卷1——自尊水平自测

以下这份调查问卷将让你了解自己的自尊水平，请仔细阅读并快速回答，在最接近你的观点的那一栏画✓。做完之后请参照本书附录一。

评估你的自尊水平

	完全同意	同意	不同意	完全不同意
1 总体而言，我对自己满意				
2 有时候我觉得自己毫无价值				
3 我觉得自己有一些优点				
4 我有能力把事情做得和大部分人一样好				
5 我感觉自己身上没有什么值得骄傲的地方				
6 有时候我觉得自己很没有用				
7 我觉得我是一个有价值的人，至少和其他人一样				
8 我希望能够更看得起自己一点				
9 全面地来看，我倾向于认为自己是一个失败者				
10 我的自我观是正面积极的				

第三章

你看不起自己吗？

自恋并非总是罪恶的，但它有时候是万恶之源。

——康德（Emmanuel Kant）

Votre estime de soi n'est pas haute?

你也许觉得我们夸大了高自尊的好处，以为在我们眼里，低自尊是人生中各种烦恼的源头。的确，作为心理治疗师，我们在诊疗中遇到很多痛苦的病人，他们大都是自尊较低的人，因此我们往往将低自尊与难于面对现实生活的心理问题联系在一起。当然，有些人虽然看不起自己，但仍能适应现实生活，这些人并不会来找我们咨询治疗。此外，每个社会都会产生一种“理想的人”，在我们的社会里，被媒体所鼓吹的“理想的人”是都市人，有竞争力，比较现实主义，比较物质主义。这种“理想的人”，无论是男性还是女性，往往具有企业家或者领袖的特征。换句话说，这种“理想的人”集合了高自尊的人的主要特点：企图心强，遇到困难依然非常执着，愿意冒险，有说服力。然而，这并不是说自尊水平高才是好事。恰恰相反，有很多实例证明，低自尊的人也有优点，高自尊的人也会存在很大缺陷。接下来我们来谈这一点。

低自尊的好处

被其他人接受

这是低自尊者的主要目标之一。为了被其他人接受，他们想尽办法。首先，他愿意做出很多让步和放弃很多东西，以求被人欣赏，避免过多地与他人发生利益冲突。其次，在很多社会阶层中，与喜欢自吹自擂的高自尊者相比，他们那种谦虚低调的态度更受欢迎。最后，他们对批评极为关注的态度使他们能更好地抓住别人的需求，他们擅长倾听。

考虑与自己不同的观点和别人的建议

自尊水平低的人非常重视别人给他们的意见，认为由此可以改善自己的表现。低自尊也可以成为一种成功推动力——虚心接受他人的反馈信息使他更容易及时调整自己，继而被别人接受；愿意倾听不同的观点使他能够更好地理解事情的状态或者问题；努力工作可以提升他对自己能力所缺少的信心。

谦卑：宗教美德

一般来说，大多数宗教都倡导谦卑，即主动降低自尊水平。对信徒们来说，谦卑首先是接近上帝的必要条件，同时也使他们更加尊重他人，不把自己凌驾于他人之上。

宗教对谦卑的重视，可以著名的圣本笃会会规为例。这些戒律写于公元四世纪，今天仍然在圣本笃修道院实行，其中提到了任何教士都必须遵守的十二条戒律。

谦卑、自尊和宗教之间的关系超出本书的讨论范围。在此我们只是指出，强调谦卑的宗教一般看不起社会上和物质上的成功，说明这些宗教的创立者深知谦卑的品德与世俗成功互相排斥。

圣本笃论的十二戒律

这些戒律起初仅针对宗教信徒，其影响范围现已扩大到宗教界之外，对西方的“自尊”概念产生了极大影响。

一、对上帝始终保持敬畏。

二、勿爱自己的意志，勿热衷于满足自己的欲望。

三、出于对上帝、对天父的爱，完全服从。

四、服从一切艰难或令人气馁的命令，忍受各种磨折，保持耐性而不发出怨声。

五、不隐藏，向神父谦卑地忏悔心中的所有恶念和私底下犯的错误。

六、教士应该安于屈辱和贫困。

七、不仅声称自己低于所有人和最低贱者，而且从心底坚信这一点。

八、教士不能破坏修道院的共同戒律和前人立下的规矩。

九、教士必须守口如瓶，无人问及时必须保持沉默，什么都不能说。

十、不能爱笑或被人逗笑。

十一、教士开口时必须轻声，忌笑，谦卑，严肃，尽量少语，不可高声。

十二、教士无论在内心深处还是在他人眼里都必须极度谦卑，无论做宗教仪式时、在修道院中、在花园里、在路上还是在田野里，无论行、坐、立，都必须低头垂目。

谦虚：文明世界的美德

俗世所谓的谦虚与谦卑是一对姐妹。从词源上来说，谦虚modestie来自于拉丁文modestus，是modus的派生词，意为遵守规矩、有分寸、节制。我们可以回过头再看看大众自尊水平调查的结果，被归为低自尊的人其实大部分处于中等自尊水平，因为自尊水平最低的人往往是抑郁症患者。

在我们的社会中，谦虚一直被视为一种美德，它首先具有一种调节社会关系的作用，令人内敛、利他，服从于集体利益而不追求个人利益。古罗马人看得很清楚，当一位将军出征大胜而归，可以在罗马城里举行盛大游行，在他品尝名闻天下的美妙滋味，面对人群欢呼的时候，会有一个奴隶受命在他耳边轻声说道："Momento mori（记住你终有一死）。"他们已经清楚，一旦将军迷上胜利的感觉，对整个国家来说将是隐患。

低自尊且成功的例子：达尔文

达尔文一辈子始终保持谦虚，害怕与人发生冲突。他乖乖听从父亲的教导学医，其实自己根本就见不得血。与他同时代的人都说他“极其谦虚和气，小心翼翼不触怒任何人”。 从加拉帕戈斯岛（Galapagos）考察回来，达尔文收集了数百种重要的观察记录和标本。他并不想出名，而是和妻子一起在英格兰乡下隐居。尽管他脑中关于物种演变的基本理论已开始成形，但他并不急于发表，而是继续研究了十几年，进行极为细致的观察和分类，直到他听说有一个比他年轻的自然学家华莱士（Wallace）将在某本科学刊物上发表类似的理论时，他才鼓起勇气（在征询了多位朋友的意见之后），于1859年在同一期刊上发表了关于物种起源的论文。论文发表后，达尔文遭到了很多反对者的激烈批评，他让比他更出名、更善辩的朋友出面为他辩护，自己则不出声。

就是这样一个谦虚、明显自尊水平较低的人推动了科学史上同伽利略、牛顿和爱因斯坦的发现一样有重大意义的伟大革新。

高自尊的弊端

从自信到自满

阿赞库尔（Azincourt，法国北部的一个市镇），1415年10月25日。因急于打败侵略者，法王查理六世军中的贵族派出重装骑兵，在最为不利的情况下与英国长弓手交锋：面朝太阳，战场狭长且泥泞。英国人根本不敢相信他们的眼睛：法国人在齐大腿深的烂泥里极为艰难地前进。当两军对阵时，法国士兵已经上气不接下气。最终，轻装上阵的英国长弓手占了上风，如同打铁一般狠狠出击，法国士兵成片成片地倒下。法国贵族中战斗力最强的代表就是皇家军队中的骑兵。他们无疑有着较高的自尊水平，但这没能阻止他们最后陷入绝境，并把自己的国家拖入失败的泥沼。更不要提比之早70年在克雷西（Crécy，指英法百年战争中的克雷西会战）也发生过类似的情况，同样毫无准备的进攻导致了同样惨烈的失败和伤亡。这样的剧情在法国历史上多次上演，后来还有军事学院打鸡血似的鼓吹“不惜一切代价进攻”，1914年秋天，这一信条致使一代法国年轻人在德国的机枪下送命。

太过自负的企业

经济领域也不例外，“自负的企业”成为了盲目的精英主义、领袖自信和技术自满的牺牲品。像20世纪60年代的可口可乐、70年代的IBM和捷豹这样的巨头就因为过于自负而差点一败涂地。自尊水平过高导致他们不再关注客户的需求，面对比他们规模小但具有无限活力的竞争对手时缺乏警惕。

过高的自尊可能会降低处在竞争中的个体的警惕性，从而给自身带来危险，在战场上也是如此。因为他们蔑视对手，或是没有考虑自尊较低的人提供的建议，面对现实的时候他们遭遇了失败。这也是拉封丹的寓言故事《龟兔赛跑》里的教训。过于骄傲的兔子输给了速度明显慢得多但不断坚持努力的乌龟。这种现象在运动比赛中很常见。你们也许记得巴西选手罗马里奥在1998年7月的世界杯赛决赛之前对l'Equipe杂志说："法国队很可能会输三球。"我们都知道后来的结果——三比零，获得冠军的是没有傲慢明星球员的法国队。

总的来说，较高的自尊更会使人忽视某些重要的信息。我们知道，自尊水平高的人更能承受失败，因为他们往往会把失败归咎于外因，也就是说归咎于非自身因素。但是，对一切问题都如此处理，从不怀疑自己，会令他们有时无法找到问题的根源。就像很多有权势的人喜欢被人阿谀奉承，令他们失去了面对现实的机会。

从执着到固执：为了不丢面子

前文已经指出，高自尊的人有时候会比别人更坚持，即使他们的努力并不能带来相应的成果，即使别人努力劝阻。有两个前提：其一，他们对这一目标全心投入（他们并不会为自己不看重的目标而努力）。其二，他们认为存在解决办法。

在军事史上这种情况不胜枚举。第一次世界大战期间，1917年春，尼维尔（Nivelle）将军（法国炮兵军官）制定了进攻德军的作战计划，认为可以取得决定性胜利（最高指挥部担心前来增援、即将抵达的美国军队“会抢走胜利的果实”，又害怕俄罗斯军队停止作战的话会让德军有喘息之机），可是在定下的作战日期前不久，普鲁士将军鲁登道夫(Ludendorff)在战场上大大增强了防御，尼维尔却仍然坚持他的计划。第一晚预定前进十公里，结果法军只前进了五百米，数千人阵亡。从一开始，原本以为可大破敌军的施奈德坦克因为太重太慢太不经折腾，根本派不上用场。上级的警告、政客们的忧虑，尼维尔都充耳不闻。他对自己过于自信，始终坚持自己的想法。两周时间，法军阵亡147000人，导致法军120个师中有68个师发生暴动，尼维尔最终被免职。

高自尊导致的固执己见在日常生活中也能看到。当一个人对自己的能力过于自信，他会固执地冒险走一条风险极高的路，32岁的布卢姆明显属于高自尊水平的人。他说：

“我一直觉得自己的人生一帆风顺。我父母很好，给我很多自由。我天生性情温和，姐妹都崇拜我。在学校我有很多朋友，呼风唤雨，尽管我的学习成绩很一般。为了能好好睡觉，我只考个及格就行。我觉得青少年时期过得非常愉快。女孩子都喜欢我，一天到晚就是玩，搞体育运动。光靠陪伴那些帆船运动员、冬天教人滑雪和倒卖二手跑车就能赚钱。必须承认，我有时候也会跟父母要钱，他们为了我愿意付出一切。事业方面我没什么野心，我想先好好享受青春，然后再说。不管怎么样，我觉得我应该能在很多领域取得成功。

“说起来，是我娶的那个女孩促使我安定下来，就像别人说的那样。然后我想到了在海滨浴场开一家冲浪帆船用品商店。我对这行很了解，这样还能保持我喜欢的生活方式。我父亲是经商的，他劝我放弃这个想法，先去实习，学点会计，再找一个有经验的合伙人。可是我不顾一切地开了店，因为我一直做什么都能成功，无论是做生意还是追求女孩子。我对自己非常有信心，而且我觉得自己懂技术，生意一定会很红火。结果并非如此。生意不好，我却没有及时收手，又说服了几个朋友和银行，让他们相信生意不错，从他们那儿借了一些钱，然后又买了更高级的装备，结果还是没能转亏为盈。总之，我花了两年时间一头扎进里面，最后倒闭。现在我在辛辛苦苦地赚钱还债。

“其实这是我人生的第一次失败，是个打击。但从某个意义上来说，也是个好的教训。我以前总认为自己是超人，从长远来看这种态度风险很大。”

自尊与冒险

自尊高的人很可能比别人活得更快乐，但这种快乐的生活也许非常短暂。实际上，冒险行为往往与高自尊相关。许多研究表明，一些自尊高的人会开摩托、酒驾、超速被罚。对从事危险运动的人研究还不多，但是我们可以推测这些人愿意冒险也是一种高自尊水平的表现。

当高自尊变成一宗罪

谦虚是自愿降低自己的自尊水平，被很多宗教视为美德。骄傲这种高自尊的表现则被看作一种罪恶，使人远离上帝和同类。基督教的七宗罪以骄傲为首，不过我们可以看到，其他罪恶也跟骄傲有关。

七宗罪与高自尊的关系

骄傲	我比别人更有价值
嫉妒	我应该比别人拥有更多
愤怒	在任何情况下我都值得别人关注和肯定
懒惰	我不需要努力
贪婪	别人不值得我施舍
暴食	我值得拥有最好的
好色	我有权利用别人来满足我的个人欲望

不过对于骄傲的批评并不仅限于宗教信徒，很多伦理学家和哲学家都曾对骄傲进行过批判。拉罗什富科（La Rochefoucauld，法国公爵、伦理学家、作家）就曾用很长的篇幅极为清醒地探讨“自恋”的问题。

拉罗什富科身经数战，包括参与投石党叛乱，在路易十四的王宫里又享受了荣华富贵。这位公爵退出政坛后开始写作，1665年《道德箴言录》甫一发表便大获成功。然而，拉罗什富科对人的本性看法并不乐观，他认为人的所有行为，即使是表面看起来非常高尚的行为，都是出于自爱。他说的自爱是指人对自己的爱。拉罗什富科早在弗洛伊德之前300年便强调人潜意识里的欲望非常重要，并指出人往往想隐藏自己潜意识里的这些欲望。太阳王王宫里的特殊经历无疑让这位伟大的伦理学家有机会观察众多高自尊型的重要人物。圣西蒙（SaintSimon，法国政治家、作家）在他的《回忆录》里写到，谢弗勒兹(Chevreuse）公爵和他有一天去拉罗什富科家，看到非同寻常的一幕，令两人目瞪口呆：这位主人竟然在和一名仆人下棋！

拉罗什富科，自尊心理学的先驱

以下节选自《警句与道德箴言》:

“美德走不了多远，如果虚荣心不与它做伴的话。”

“不管别人把我们夸得如何好，我们心里早就那么认为了。”

“我们对自身善恶的感觉与我们的自爱程度有关。”

“如果我们自己毫不自负，就不会抱怨别人自负。”

“如果人们从不互相恭维，真是毫无乐趣可言。”

“如果说虚荣心没有完全颠覆一切美德，它至少动摇了它们的根基。”

作为治疗师，我们应该帮助病人提升不足的自尊心，但是高自尊和低自尊分别有其优点，很难绝对地评判哪个更好。实际上，社会阶层才是决定性因素：也许最重要的是拥有与你身边的人价值观相符的自尊水平。如果你梦想成为媒体老大或极限探险家，最好拥有高的自尊水平。如果你的理想是做社群服务团队中受欢迎的一分子，一般水平的自尊可能对你更有益处。

第四章

稳定还是不稳定？

Stable ou instable?

像我这样自尊过高的人，若是被人瞧不起便会极度痛苦。

——威廉·博伊德（William Boyd）

自尊的水平并不足以解释一个人所有的行为反应。我们还得把他面对日常生活大小事件的忍受度考虑进来，因为自尊是波动变化的。

有些人在努力想使人相信自己很自信的时候会给人以不太自信的印象。他们拼命想抬高自己，不停地夸耀自己的优点和成功。然而，一旦发生什么大事件，威胁到他的整体自尊的时候，他们的行为就会突变。任何时候他们都想由他们自己说了算，常表现得过于敏感易怒，一旦受到批评就会暴怒。这些看似内心非常强大的人在这种时刻会显露出脆弱的一面。其实，他们使尽浑身解数想说服别人自己有多好，其实主要是为了说服他们自己。17岁的少女福斯丁娜向我们讲述了自己的经历：

“我的父母邀请了他们的一对朋友夫妇来我们家的度假别墅玩一个星期。那位丈夫一开始给我留下了深刻的印象。他非常英俊，衣着休闲而又讲究，像是崭新的或是精心熨烫过的。他也很会说话，而且总是给每个人提建议，有种居高临下的善意，让我觉得很不舒服。我觉得他从容的举止和脸上永远挂着微笑都是精心设计安排的。在我看来，他一直在仔细观察自己对别人产生的影响，他翻来覆去谈论自己做了什么好事、工作、旅行，看似漫不经心，实则是在别人面前不停炫耀自己的成功。

“有一天晚上，大家在玩一个桌上游戏，用画图的办法让自己的搭档猜出某个词。他嘴里不停地说，不断表现自己的聪明劲，结果总是猜不出来。我的弟弟最先取笑了他，渐渐地所有人都开始嘲笑他。他很不高兴，最后真的发起了脾气，怪我们耍花招，愤愤地起身，摔门而去。

“所有人都惊呆了，他像是变成了另外一个人。我母亲在这群朋友离开之后说，其实这个人并不是那么自信，居然会因为两个小孩子的玩笑话发那么大的火。”

所以，自尊是稳定还是不稳定的呢？接下来我们要讨论这一点。

自尊的四大类型

依照自尊的稳定程度，我们可以把自尊分成四大类，从而更好地理解人的各种行为反应。[1]

自尊的四大类型

自尊水平 / 自尊的稳定程度	高	低
稳定	稳定的高自尊(忍受程度高的高自尊)	稳定的低自尊(逆来顺受的低自尊)
不稳定	不稳定的高自尊(易受打击的高自尊)	不稳定的低自尊(容易变化的低自尊)

1 本章末有一个小自测，帮你测定自己的自尊类型。——作者注

高自尊的两种类型

自尊水平高且稳定

外部环境及普通生活事件对他的自尊影响较小。此类人不会花太多时间和精力维护或鼓吹自己的形象。比如在工作会议中，要求每一个参与会议的人员向其他人解释自己的工作内容并提出如何共同协作的建议。自尊水平高且稳定的人会表现得非常坚定，如果对方反对他的意见，他会仔细倾听对方的发言而不会显得紧张，他会努力说服对方而不会攻击对方。

自尊水平高且不稳定

尽管他的自尊水平高，但这种人可能会在受到重大打击，尤其是在他们处于竞争状态、受到攻击的情况下，对批评或失败做出激烈反应，视之为威胁，以过分强调自己的成功和优点为手段来自我吹嘘。再以前面提到的工作会议为例，自尊水平不稳定的人会利用有利时机表现自己，但会试图独霸发言的时间，遇到反对意见很快表现出恼怒，并试图用批评或过分的玩笑来打击对手。

遇到问题时表现出的不同

依照这个标准，我们又可以把自尊分为两大类。第一类人情绪稳定，在面对问题时不会轻易失态，并保持言行一致，不以外部环境为转移。另一类人心理上较为脆弱，遇到敌对情绪或仅仅是批评的时候，很容易觉得自己受到了攻击和怀疑。一般情况下，这两种人的表现没有什么太大区别，而当环境发生变化时，两者之间会出现明显的差异：竞争、质疑、失败都是检测自尊稳定程度的试金石。

日常生活中的高自尊

稳定的高自尊	不稳定的高自尊
在日常情况下自尊水平很少波动	在日常情况下自尊水平波动较大
很少花费气力自我吹嘘	花费很大气力自我吹嘘
处于少数劣势、面对批评或失败时很少为自己辩护	处于少数劣势、面对批评或失败时极力为自己辩护
理性地倾听批评	情绪化地对待批评

不同的情绪调性

与自尊水平高而不稳定的人相比，自尊水平高而稳定的人的心态更为平和积极。他给人的感觉一般来说更加平静，面对社会环境时并不处于过于警惕的状态。而自尊水平不稳定的人不是这样，他总是担心突然出现威胁、挑战或不公（自己的优点或功劳不被承认）。一个对自己看法较高的人如果常常有负面或敌对情绪（紧张、不安、怨恨、嫉妒、恼怒、痛苦），往往表明他的自尊水平不稳定。一位秘书说：“我真不敢相信我的老板如此自满，总是想让别人知道他有多能干。他一大半时间在发火，总是很紧张，一有机会就指责所有人。真可惜，他有时候挺可爱的。”

高自尊也会很脆弱吗？

水平高且稳定的自尊是坚定，这样的人不会时时刻刻怀疑自己的价值，他可以接受自己有时无法完全控制局势，不觉得自己因此低人一等或者被人藐视。反过来，自尊水平不稳定的人，尽管是高自尊，面对遇到的各种挑战，无论大小，都如临大敌，视之为对自己形象的巨大挑战，因此更加脆弱。

自身的痛苦

著名的钢琴演奏家里希特（Richter）年迈时接受电视频道采访，下面是访谈的内容节选。

“让我们把镜头拉回到这位坐在桌前的老人，请他讲一讲卡拉扬是多么虚无。”

“他说，他从来没摸清莫扎特音乐的门道，他从来不知道该怎么演奏莫扎特。”

“然后他念出旧记事本上的最后一句话：‘我不爱自己。’他抬起头来，直直地望向前方，用手抱住自己的头，沉默不语。”

也许，我们可以这么猜测，自尊水平高而不稳定的人实际上自尊水平偏低，他们努力想改变自己，改变周围的人，反抗自己不愿意承认的脆弱的自我形象。

为什么存在这样的差异？

可能这个问题的答案在于父母对待孩子的态度。其实，我们常常发现那些自尊水平高且不稳定的人有以下经历：

- 父母对孩子的赞美（“宝贝，你最棒”）和孩子的实际能力（他很清楚自己不是最棒的）之间存在很大差距，从孩子在社会竞争中取得的成果就能明显看出来。比如，他不是班上成绩最好的，也不是课外活动里最受欢迎的。
- 父母过于理想化或比较冷淡，只关心自己，不关心孩子。孩子要引起父母的关注，令父母看重自己，不得不展现自己的长处，以求赢得父母的青睐。
- 父母本身自尊水平高且不稳定，孩子通过模仿，直接照搬父母的处事模式。
- 父母只在孩子表现好的时候才注意、关心孩子。

至于自尊水平高又稳定的人，我们往往发现：

- 他们的父母也具有自尊水平高且稳定的特质，孩子于是有机会经常观察如何平静地对待批评以及毋须不断抬高自己也能被人尊重。
- 他们的父母按照孩子的真实能力或潜力给予他们符合实际的赞扬。
- 他们的父母与孩子关系亲近，时刻陪伴左右，于是孩子不需要总是过分表现来吸引他们的注意力。

内向与外向

心理学家经常谈及内向与外向。这两种人格特质也可以解释自尊水平高且稳定的人和自尊水平高且不稳定的人之间的一些差异。

如果你是外向型的人，你对外部环境的反应会非常敏感，比如他人的称赞和批评、公众的钦慕。你乐于表达自己的观点和情感。（典型：政治家、商人）

反过来，如果你是内向的人，你会更加关注自己的内心世界，对周围人的态度和外部环境的变化没有那么敏感，你很少表达自己的情感。（典型：研究员、IT技术员）

因此，这两种高自尊的人在社会环境下呈现出不同的行为反应。

外向型的高自尊者乐于表达自己，喜欢受人赞扬，对批评有直接的反应，可能在那些没那么自信的人眼里会显得有点自吹自擂。

内向的高自尊者比较安静，看似对赞扬没有那么敏感，如果有人反对他的意见，他并不立即表露自己的情绪，但就在对方以为他毫不在意的时候，他会极力维护自己的观点，令对方感到诧异。

低自尊的两种类型

自尊水平低且不稳定

这些人的自尊很容易受到外界因素的影响，无论是正面的还是负面的。他们的自尊在取得成功后会阶段性提升，但一般不能维持，很快就会下降，直到新的困难出现。这些人努力想为自己在别人面前塑造一个更好的形象。仍以工作会议为例，这种人往往很少发言，表现得很谦虚，表达自己的观点时会非常谨慎，小心翼翼地观察他人的反应。一旦有人反对，就很快乱了阵脚，从不坚持己见。不过，当他觉得自己已被人接受时会放轻松，能更好地表达自己的想法。

自尊水平低且稳定

这种人的自尊极少为外界事物所影响，即使有利于他的事件也不能影响到他的自尊水平。他似乎极少用心提升自己的形象和自尊水平，习惯接受甚至忍受自己的低自尊。在我们所知的例子中，这种人很可能毫不起眼，要求他开口他才会表态，且往往选择附和别人提出的意见。如果要他进一步解释自己的想法，仿佛是对他施以酷刑。在这种情况下，他可能会表达一些比较消极的观点。

儒勒·列那尔的日记

儒勒·列那尔写于1887年–1910年之间的日记是一部杰作，体现了作者的智慧和细致入微的观察。读这本日记的时候，我们可以感觉到作者的自尊较低且不稳定。日记里多处体现出他对自尊心理学的思考。

“我很喜欢听到别人的称赞。我不会故意求别人赞扬，但他们若是不赞美我，我会觉得难过。有人称赞我的时候，我会马上阻止，我不让他像我心里希望的那样继续说下去。”

“经过一次又一次的（失败）经历，我可以肯定我是个一无是处的人。”

“我偶尔会感到嫉妒，但从未有过野心勃勃的耐性。”

“我想把事情做好，我也想有一个人——任何人都行——能够看到。”

“幸福意味着真正快乐，而不是让别人相信你快乐。”

“我比以前谦虚了一点，又因为自己的谦虚变得更骄傲了一点。”

“反反复复，逆来顺受。”

进步的愿望

自尊水平低且不稳定的人很想改善自己以及自己的心态，因此采取相应行动。自尊水平低且稳定的人则看起来“逆来顺受”，他们不会为了改善自己和别人眼中的自我形象而努力。这两者之间的区别也是放在社会环境中才会更明显地体现出来。前者会注意尽量避免失败或被人否定，后者则早早认定自己会失败和被人厌弃。

被人接受的愿望

自尊水平较低且不稳定的人尽力不在别人面前表现得过于敏感。一天，一位小学女教师告诉我们：“我特别喜欢有些孩子，他们非常谦虚，默默忍受，像小老鼠一样，尽力想把什么都做好。拿到好成绩的时候他们非常非常开心。一切都藏在心里，但是他们脸上发着光，可以看得出来他们像在云彩上一样飘飘然。失望的时候也非常隐蔽，他们不会把自己内心的痛苦显露出来，但内心是很难过的。这些孩子让我动容，因为我在他们身上看到了我自己。我小时候跟他们一模一样，总是怀疑自己，总想把事情做好。顺利的时候会觉得很心安，没能像预期那样取得成功的时候有点哀伤。直到今天我还是这样。”

低自尊的根源

同样，父母也起到了不可忽视的作用。我们常常看到，自尊水平较低且不稳定的人：

- 从父母那里得到的支持和鼓励较少，尽管父母也很疼爱他们。“我的父母很爱我，但从来不鼓励我，也没有肯定过我的价值。”
- 能力一般（在学校学业成绩比较差）或者在其他的孩子中不受欢迎。有个人曾经告诉我们：“我在学校里是个差生，这一直困扰着我，给我留下了很大的心结。我从来不肯对自己承认这一点，这么多年来我一直是失败者。”“我从来没能被其他孩子欣赏，”另一个人说，“我顶多有过一两个朋友，她们跟我一样不受欢迎，被边缘化。我也不知道为什么，也许是我太腼腆，戴眼镜，红头发。直到今天我仍然怀疑自己取悦别人的能力。”

▸ 父母过于保护且极少赞美孩子。“母亲为我包办一切，并且总是告诉我，我是她长不大的宝宝，没有她的话我只会麻烦不断。你说我又怎么能对自己有信心？”

自尊水平低且稳定的人情况类似，通常更严重，但存在个别差异：

▸ 生活中发生过的事件让孩子感觉自己无法控制外部环境，比如说父母中的一方去世或有典型的抑郁症表现。

▸ 极度缺乏父母的爱。自尊问题会伴随其他病理现象出现，我们下文会再谈到这个问题。

日常生活中的低自尊

自尊水平低且稳定	自尊水平低且不稳定
在日常情况下自尊水平很少波动	自尊水平可能上升
往往处于消极负面的情绪状态	处于积极与消极参半的情绪状态
面对外界反应会有情绪变化，但行为很少受影响	面对外界反应会有情绪变化，行为相应作出调整
坚信自己无法达到个人目标	渴望社会赞许，导致偏离其个人兴趣

乔兰(Cioran)，稳定的低自尊

罗马尼亚旅法作家、伦理学家乔兰留下了一部登峰造极的虚无主义作品，他的文字是了解稳定型低自尊心理最佳的入门“教材”。

“对于焦虑的人来说，成功和失败没有差别。他对这两者的反应是完全一致的。两者都让他心神不定。”

“只有一件事情要紧：学会失败。”

“能够毫无野心地活着是一种巨大的力量和幸运。我尽力做到，然而尽力去做这件事仍然是一种野心。”

“我的长处并非完全百无一用，而是意欲如此。”

“诽谤自己的乐趣大大超过被人诽谤。”

“一切成功都令人臭名昭著：在本人眼里，自己从此一蹶不振。”

“经历一次又一次的挫折之后，唯一应对的办法是爱上挫败，如果能做到，人生从此再也没有意外，可以超越一切发生的事情，成为天下无敌的受害者。”

“达到精神完满的必要条件：次次失手。”

“在林中散步，穿行于染上秋色的蕨叶之间，这就是胜利。赞同和喝彩相比算得了什么？”

将稳定型高自尊的人理想化，否定其他三大类型的人，也是一种错误。自尊并不能代表一个人的全部。有些人自尊水平高且稳定，但他们身上的其他性格特点很惹人讨厌。虽然高自尊通常是成功的必要条件，但它并不是道德品质的保证。艾尔·卡彭（Al Capone）、希特勒、帖木儿（Tamerlan）及其他历史上臭名昭著的独裁者往往是高自尊的人，若是把他们视为楷模就很有问题了。

自尊水平稳定与否与其所处领域也有关系。路易十四时期的首相柯尔贝（法国政治家）是个拥有高自尊的双面人。在履行首相职责方面，他拥有稳定型高自尊者的全部性格特点：顽固，坚持对国家进行必不可少的改革，能够在国王的光芒下默默工作，没有想方设法出风头的野心（在路易十四这样的君主身旁想出风头既不容易也不合时宜）。相反，在社会地位方面，这位大资产阶级虽被封为贵族，却始终不被王宫的人所接纳。他总是表现得极为冷淡，塞维尼夫人（法国散文家）给他取了个外号，叫“冷冰冰的北方”。他利用职权大肆敛财，贪婪而又吝啬。

跟上一章一样，一切都得相对地来看待。大部分人在不同的情况下会采取不同的做法。有时候，我们感觉很自信，自尊水平很稳定。有时候，因为疲倦或者有不安全感，我们会采取另一种做法，自尊水平会有所波动。

如何判断自己属于哪种自尊类型?

通过对成功、赞美、失败和批评四种情况的反应，测试一下你身边的人和你自己的自尊类型。

对成功和赞美的反应

自尊类型	对成功的典型反应	对赞美的典型反应
稳定型高自尊	我很高兴，做到了我觉得很开心。	非常感谢。
不稳定型高自尊	我早就告诉过你，好戏在后头呢，那些不相信我能成功的人今天傻眼了吧。	继续说，继续说!
不稳定型低自尊	我现在达到你们的期望了吗?	哦，你知道，这不是我的功劳。
稳定型低自尊	一周后得了一场重病。	别说了，我没兴趣听。

对失败和批评的反应

自尊类型	对失败的典型反应	对批评的典型反应
稳定型高自尊	这一次我没有成功。	啊，为什么要对我说这个?
不稳定型高自尊	就你，你懂什么啊?	那你呢? 你也不瞧瞧你自己?
不稳定型低自尊	我没做好准备，表现得不好。	你这么认为吗?
稳定型低自尊	对，我就是没用。你没发现吗?	没错，我比你说的还糟。

第二部分

理解自尊

第五章

自尊从哪里来？

D'où vient l'estime de soi?

她真的很好奇，不知道伊维特到底是怎样保持如此的自满，她那种根深蒂固的个性似乎是与生俱来的。

——阿妮塔·布鲁克纳（Anita Brookner）[1]

1　阿妮塔·布鲁克纳 (Anita Brookner，1928-)，英国小说家、艺术史学家。——译者注

“我记得我是在冷漠中长大的。”说这话的年轻女人眼神悲伤而平静。讲述自己的童年时，她的声调中没有任何情感，如同旁观者一般冷静。

她继续说道：“我的父母既不温和也不凶恶，他们对我没什么兴趣，既不关心我的痛苦也不关心我的欢乐，我很快便习惯了完全不在他们面前表现自己的喜怒哀乐，自己也渐渐失去了各种感觉。我觉得自己不值得被人喜爱，以被动的方式接受了这一切，既不愤怒，也几乎没有感到痛苦。至少我从未清楚地意识到痛苦。成年了以后，我觉得自己无足轻重。儿时不被喜爱，大了无人问津。小时候曾听我父母说起，有些人悄悄死在自己的公寓里没人知道。这种恐怖的故事令我害怕到超乎寻常的程度。没有哪个跟我一样年纪的小女孩会为这种事烦恼。到现在我还是会被这种社会新闻触动。那是我童年留下的印记：害怕死的时候被人忘记，就像我小时候活生生地被人忘记一样。”

自尊成长的第一步

一个孩子从什么时候开始有自尊？一个被父母千呼万唤始出来的新生儿就已经有了比没那么受宠的婴儿更高的自尊了吗？也许父母带着微笑和关怀的脸庞经常出现在婴儿眼前会对他未来自尊的形成起到很大作用，但是到目前为止，研究人员并不敢断言婴儿在意识尚待形成的早期阶段就有了自尊。

自尊的起源其实与自我意识的起源相关。我们在前文中已经看到，自我意识是自尊的一大组成部分。儿童大约在八岁左右开始具有一种整体的自我心理意识，可以用科学的方法进行测量和评估。他们此时能通过各种不同的特点来描述自己是谁，包括外貌、性格，能描述自己的情绪状态，觉察到自己的不变之处，能理解经过各种不同的年龄阶段之后，自己还是原来那个自己。他们慢慢对自己有了意识，而他们看待自己的眼光构成了日后他们自尊的基础。

其实，对儿童的观察表明，这一切在八岁之前已开始形成，只是在八岁之前很难用科学的方法评估。虽然对婴幼儿的自尊研究还不多，但他们的自尊对父母来说却是一个真实存在的事实，请看以下观察。

讨妈妈欢心

九个月的塞莱斯特已经懂得如何拍击圣诞礼物来弄出声响。当她看到妈妈被声响逗笑之后，一边盯着妈妈一边又拍击了几次，每次都咯咯大笑。她母亲说:“她为自己感到得意。”

这种得意是否就是一种自尊的表现？她对自己的意识可能还没有到这种程度。但是，当我们就这个现象询问她的妈妈时，她回答说:“孩子的自我意识？他们那么小的时候没有自尊！那算不得他们的自尊。那种自尊主要取决于我对他们的重视。”

事实上，说到自尊，必要的前提是不完全依赖父母，拥有一定的个人自主。

小孩子的成功

路易斯三岁，有生以来第一次在旋转木马上赢了奖，之前她一直眼馋地看着年纪比她大的孩子玩旋转木马。起初她没有参与竞争，后来试了一下没成功。现在她终于成功了。她骄傲地环顾四周，望着她的父母、姐姐还有围观的人。收到了自己赢得的奖券，她不愿意兑奖，而是把它留了下来作纪念。从旋转木马上下来，姐姐和朋友的目光焦点集中在她身上，她就像是一个刚刚射门成功的足球运动员。这一下，她的自尊提升了。当天下午她的行为有了一些变化。路易斯显得比平时安静，不那么黏着父母，跟其他的孩子在一起显得更大胆主动。

孩子取得的成功对他的自尊有促进作用，按照作用的大小还可以分成几个等级：在家里拼图成功令他感到满足，但这种满足感比不上在外面玩耍时成功（从高高的滑梯上滑下来）那么强烈，当然最令他满足的是在竞争游戏中获得胜利，比如在赛跑或是桌上游戏中取得胜利。

取得一个属于自己的地位

从三四岁开始，孩子就很关心自己是否被别人接纳。这与自尊之间的关系非常密切。玛丽昂两到三岁的时候常常问自己的卷发是否漂亮（她是幼儿园里唯一一个长着卷发的孩子），而且经常向父母提出这个问题。三岁时，她有时候晚上会哭闹，因为她觉得朋友们不那么喜欢自己。快到四岁时，当她的父母和妹妹对她穿衣的方式还漠不关心的时候，她就已经开始早上在自己的衣橱前一边花时间挑选衣服，一边解释说："丽丽说她今天会穿漂亮的裙子，今天我也要穿得漂漂亮亮的。"

让别人看重自己

孩子想让别人看重自己的努力也是很早就已经开始了。六岁到八岁之间的孩子可能会比较各自的父母。“我妈妈比你妈妈漂亮。”“我爸爸是消防员。”再晚一点，八岁到十二岁时，对自己身世的幻想是常出现的。“我的父母并不是我的亲生父母。我其实是某某人的女儿……”——某某人是个有名的大人物。

但他们也可能遇到自尊的难题。例如，有些孩子会因为自己的父母而产生一些心理障碍。一般来说这没有太大的负面影响。一个大家庭的母亲告诉我们说，在她看来，孩子开始进入青春期的第一个标志是他们开始因为母亲而感到“羞耻”。他们会要求她不要跟他们走得太近，不要送他们到学校门口或者不要在他们的同学面前亲吻他们。但是，这种抗拒主要是对父母角色的抗拒，而不是对父母本人的抗拒。如果父母不幸真的具有令其边缘化的特征，情况就会变得更加令人痛苦。一个病人告诉我们，她曾经因为自己的母亲患有髋部疾病走路一瘸一拐而为母亲感到羞耻，后来为此怀有负罪感。母亲去世以后她曾经陷入严重的抑郁，深深自责，怨自己没有好好对待自己的母亲，母亲当时的身体状况本就够令母亲痛苦不堪的了。

为自己的出身感到羞耻

很多作家曾说，在自己的童年记忆里，他们曾经对自己的出身感到深深的羞耻。比如约翰·方特在*Le Vin de la jeunésse*里写道：

“黑暗中，我摸索着来到了母亲的房间。父亲睡在她身旁。为了不吵醒他，我轻轻地摇醒母亲，低声问道：‘你确定爸爸不是在阿根廷出生的？’

“‘不是，他是在意大利出生的。’

“我回到自己的房间睡下，心神不宁，厌恶顿生。

“我开始相信我的祖母是个土到无可救药的意大利人，一个双手交叉搭在肚子上走来走去的贪吃的矮个子农妇，一个喜欢小男孩的头脑简单的老妇人。她来到我的房间，想跟我的朋友们聊几句。她用土得掉渣的口音说着英语，把每个元音拖得老长老长，像在地上滚动的铁环。总之，她凑近我的一个朋友身边，老眼昏花，笑嘻嘻地问：‘你想去女子修道院吗？’我咬牙切齿。Mannaggia（该死）！全毁了，这下他们都知道我是意大利人了。”

有的小孩子则会说谎成性，编造各种想象出来的故事，把自己说成一个有地位的角色，或者声称自己知道一些很大的秘密，就为了让听众看得起他们。尽管喜欢编故事的孩子并不一定真是谎话连篇的骗子，但最后或多或少都会相信自己编造的故事，也就是自己骗自己。建筑师帕斯卡尔说到他16岁的教子时给了我们一个很好的例子：

“我很喜欢这个孩子，但他有时候也让我觉得可怜。他总喜欢添油加醋。他的父母和我在祖宅度暑假，所有亲戚的孩子都在。他一定是在那儿感觉不自在，也许是因为他的学习成绩比别人差。他觉得非得给自己贴点金，所以开始说自己坐飞机的时候遇见了某位电影明星，还跟她聊了很久，宣称自己是柔道黑带，然后说自己认识很多人，要开一个IT公司。

“大家听着都很尴尬，因为明显看得出来他在撒谎。出于好心，没人去拆穿他。有一天晚上他变本加厉地编造故事，显得极其可笑，弄得非常难堪。我想跟他单独谈一谈，但我明白他没有办法承认自己说谎，为了不丢脸，也因为他自己已经有点相信自己编出来的故事，他非常希望那些故事是真的。说到底，他是个可怜的孩子。但这一切并不能帮他从阴影中走出来。其实他有优点，可以好好加以利用。但他好像看不到自己的优点，或者是不相信自己有优点。”

课外活动，无情的世界

成年人的记性不好。跟很多成年人以为的相反，小时候的课外活动更像是美剧《达拉斯》（*Dallas*）或者是《豪门恩怨》（*Dynasty*）一般充满钩心斗角，而不是《草原上的小房子》（*La*

Petite Maison dans La prairie）那样无忧无虑。矛盾冲突、拉帮结派、嫉妒、排斥、羞辱，这些都是每个小学生日常生活的一部分，其实跟社会竞争和攀比一样残酷无情。

这些事件对一个人自尊的影响超乎父母们的想象。自尊脆弱的病人在心理治疗过程中会很容易回想起当年这种非常残酷、令人感到羞辱的回忆，当然，这是一种后知后觉。来听一听40岁的社会工作助理玛丽·克莱尔的诉说：

“我七八岁的时候就已经去看心理医生，就是因为我在学校碰到了各种问题。我不太喜欢那个环境。我很清楚地记得，每次开学，一群群的学生蜂拥而至，看得我害怕极了。我把他们分成两类：比我高大强壮的，比我更受欢迎的。过了一段时间之后，我发现有第三类，我自己就属于这类：可以被牺牲和被孤立的人。

“尽管我学习成绩不错（我不想得罪老师），但我并不能安心。作为弱小的好学生，我被他们归类为‘戴眼镜的乖宝宝’，并因此被捉弄。我自己有严重的心理障碍，我觉得自己毫无用处，也不受人喜欢。我甚至认为其他人并没有完全意识到我是多么的无能。我总是做噩梦，梦见所有人都在追打我，朝我吐口水。每个星期天的晚上，一想到第二天要上课，我就会觉得身上某个地方不舒服。

“但是，当然，我不敢将这一切告诉我的父母。我担心他们不能理解我。他们在我看来也不是很聪明，我有点替他们感到难为情，觉得他们也很脆弱。”

学龄儿童会非常认真地相互攀比，不是所有人都会觉察到这一点。如果你问他们，大部分孩子都能具体地把同学分成不同的类别：长得好不好看，受不受欢迎，学习成绩好不好等等，还能总结自己在其中的排名并得出难以反驳的结论：“亚利桑德拉比我长得漂亮，所以老师更喜欢她。”（露西，五岁）“亚德里安偷了我的玩具，我哭了，可他是最壮的，所以他没有把玩具还给我。”（凯撒，三岁）

以对自然界的严格观察结果为基础，研究人员总结了24个月至36个月的孩子的社会行为特征：

“领袖们”采用各种“笼络人心”的行为，包括送其他孩子东西或邀请他们参加自己的游戏，他们会在小伙伴们发生冲突时进行干预，扮演调解者的角色，同时在获取某件东西的时候表现出支配权。

“具有攻击性的支配者”，较少采用笼络人心的行为，主要采取进攻。

“被支配的胆小者”，避免竞争和冲突，常常选择退避，但同时也会采取笼络人心的行为。

“具有攻击性的被支配者”，会参与竞争，屡战屡败，通常采取进攻。

这些行为特征，尤其是支配和顺从的行为，从18个月开始越来越稳定。

我们可以很容易地想象（尽管就我们所知，还未曾有过这方面的研究）这些行为与自尊水平之间的关联。领导型的孩子会有更多的机会受到肯定。他们在情感方面没有那么脆弱，可能符合稳定型高自尊的特点。“具有攻击性的支配者”类型的孩子则更符合不稳定型高自尊的特点，会更迅速地觉察自己的领导地位受到威胁，为了保卫自己的领导地位而做出更激烈的反应，而其整体理性控制能力稍差。

给父母的建议

儿童与青少年自尊形成的五个重要方面包括：外貌（我的长相是否讨人喜欢？）、运动能力（我的运动能力强吗？我跑得快吗？我能自我保护吗？）、在同辈中的受欢迎程度（学校里和班上同学都喜欢我吗？我有很多朋友吗？）、行为是否符合规矩（我是否被成年人视为可靠的人？我是否遵从社会规范——礼貌、自律等？）、学习成绩（我的成绩还行吗？）。

不过，孩子在这五个方面表现合格（在自己和别人的眼里）是不够的。即使是全班第一名也有可能很发愁。其实，所有研究均表明，高自尊的孩子在他们认为重要的方面会表现优异，在他们不感兴趣的其他方面满足于一般水平的表现。比如雅克和让，这两个年轻人拥有相同的特点，学习成绩很一般，不强壮也不灵活，但他们颇受欢迎，因为他们遵从自己所属的社会团体的规则，对自己的外表也比较满意。他们两人的自尊水平测试分数却很不一样（见下图）。雅克认为自己不擅长的东西不太重要，所以雅克的心态比让的心态好，让则认为学习成绩和体育成绩都得突出，否则看不起自己。

自尊与表现

雅克

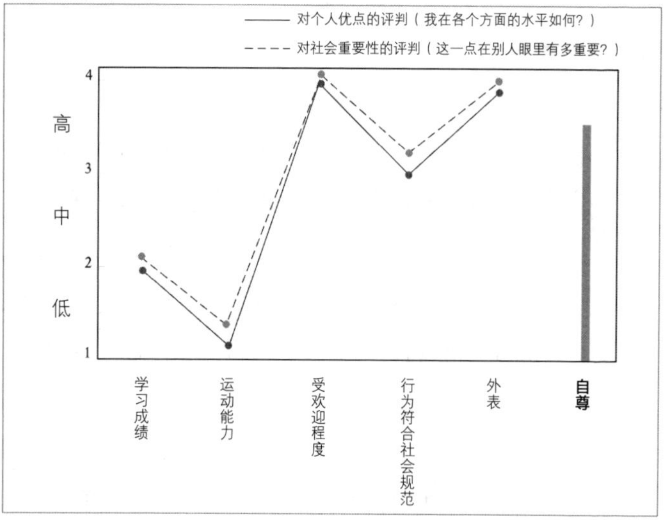

让

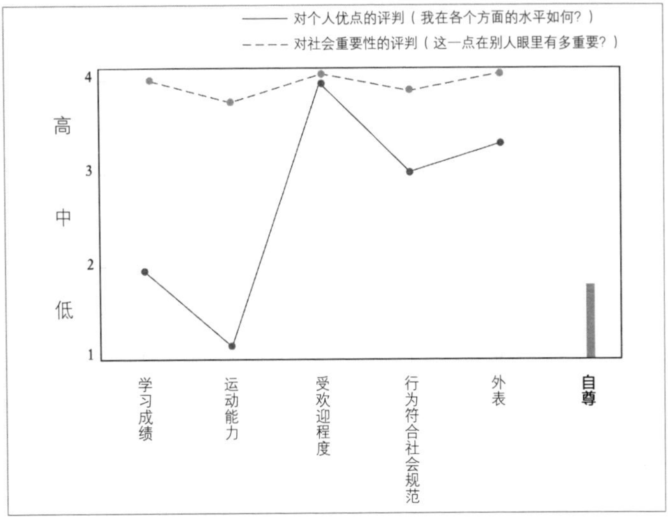

（来源：S. Harter in R. F. Baumeister）

所以，家长们，在此给你们一个建议：当你的孩子评判自己并表现出怀疑和抱怨时，一定要认真对待。这种努力是值得的。

首先，就这些问题主动与他进行沟通，表现出兴趣，倾听他的疑虑。这个过程是一种练习，以备日后之用。长大成人后，他会习惯于寻求这种“社会支持”：与身边亲近的人探讨自己的困难，获得有用的信息或积极的情绪反馈。我们会在后文里看到这种支持对一个人的自尊起到怎样重要的作用。

其次，通过你的建议与经验分享，你可以帮助他相对地看待自己的忧虑。不过，必须注意一些原则（见下表）。同时请记住，如果童年时期没有跟孩子进行这样的沟通，就别再指望青春期能与他沟通：到那个时候，孩子面临的问题和困难比小时候严重得多，而他向你倾诉、吐露心事的能力已经大大退化……

家长的倾听

建议	说法
仔细聆听你的孩子说话，让他明确而完整地表达他的想法和疑虑之后再开始安抚他	“你担心自己长得不够漂亮，是这样吗？我会告诉你我的想法，但首先告诉我你为什么对这件事这么担心？什么时候开始想这个问题的？”
不要抹杀他的忧虑的重要性——“哦，人生有很多事比这严重得多：那些非洲小孩都快饿死了，他们才不想这种问题。”	“我明白跟凡妮闹翻了你很烦恼。看得出来你特别伤心。我理解，跟朋友吵架是不开心，大人也会这样。”
试着向孩子指出，不是他一个人如此，其他孩子可能也有同样的疑虑	“你觉得老师喜欢别的孩子，就不喜欢你？你不觉得有时候别的小孩也会感觉老师不喜欢他们吗？”
不要急于给他安慰，先弄清楚他的问题——“啊，你从星期一开始就郁闷，是因为这个？宝贝，这没什么，一点都不要紧。”	“啊，你从星期一开始就郁闷，是因为这个？嗯，好吧，我还是希望你早点告诉我，不然我不明白你到底发生了什么事。你愿意再跟我谈谈这件事吗？”
如果你觉得你能给孩子解答，先让他自己想想解决方案	“怎么才能让老师多关注你一些呢？”

如果你决定帮助你的孩子巩固他的自尊，记得要避免过分干涉。

不要急于插手干涉他的每一个问题。他需要独自面对一些困难，这是很正常的。你只需留意他所面临的困难并未超出他的能力范围，仅在孩子应付不了或者极为焦虑的时候出手。也不要扮演“心理医生”，打探他心里的所有想法，当他不肯透露的时候要懂得退让。每天胡乱猜疑他的心思是无用的，比如："我知道你对我们这么凶，是因为你不开心。"强迫孩子说出他心中的疑虑，这种做法可能适得其反，使他愈发不想告诉你，甚至会降低他的自尊，破坏他的完整人格和心理自主的感觉。

给家长的练习题

一个小女孩回到家跟妈妈说："妈妈，在学校，安洁尔她们从来不带我一起玩。"

你认为下面哪一种回答能够更好地帮助这个怀疑自己的小女孩呢？

回答A：

"安洁尔是个傻瓜，她的朋友也是。别管她们，你在一边安安静静地自己玩。她们要是对你不客气，我就去找老师。"

回答B：

"啊，真糟糕。这让你不高兴啦？好，跟我讲讲吧。她们怎么跟你说的？你又是怎么做的呢？"

回答C：

“啊，她们从来不带你一起玩？我明白了。你还记得小时候那些大孩子不愿意带你一起玩吗？是因为这个今年成绩下降了吧，你担心自己不引人注目，没人喜欢你。”

回答A译析：

有点干预得过多了，不是吗？如果你这么说，小女孩可能会得出这样的结论：1.那些排斥她的人和批评她的人完全没有价值。这种保护孩子自尊的方式比较牵强。2.没有了母亲或守护者，她没有办法在社会上得到承认，这对她的自尊也没有好处。

回答B译析：

答对了！在表明立场之前，你首先尝试了解孩子是怎样看待这个事情的，这样有益于保护孩子的自尊：孩子觉得自己的意见受重视且得到了尊重，会愿意和你一起寻找解决办法。

回答C译析：

这个回答属于擅自揣测。对于孩子的自尊有负面影响。假如这个猜测是对的，孩子会觉得她在别人眼里是透明的，父母是全知全能的，比她还清楚事情的本来面目以及应该做什么。有些孩子一辈子都会受到这个影响。如果反过来，猜测是错的，孩子会觉得很孤独，不被人理解，就连自己的父母都无法了解自己。

来自父母的压力以及朋友的压力

别人的评判目光

上文谈及孩子对自尊各个方面的重视程度不同，这不仅仅取决于他自己的判断，还取决于其他可能对他的能力进行评价的人的看法。

对一个孩子来说，重要的评判有四种，也就是自尊的四种来源：父母、老师、同辈（同班同学乃至同校的同学）以及亲密的朋友。当这四种来源都“运作”正常时，孩子的自尊能够充分发展并得到巩固。如果缺少其中一个，另外几个可以对其进行补充：如果孩子知道自己的父母和朋友都喜欢他，只有老师不喜欢他，他可以忍受。这四种评判的来源同时也是压力的来源，分别对应孩子的四种社会角色。只有扮演好了这四种角色才能具有较好的自尊：做个好孩子、好学生、好同学、好朋友。换句话说，他要付出四重的努力才能维持好自己的社会形象。

与自尊相关的四种压力来源

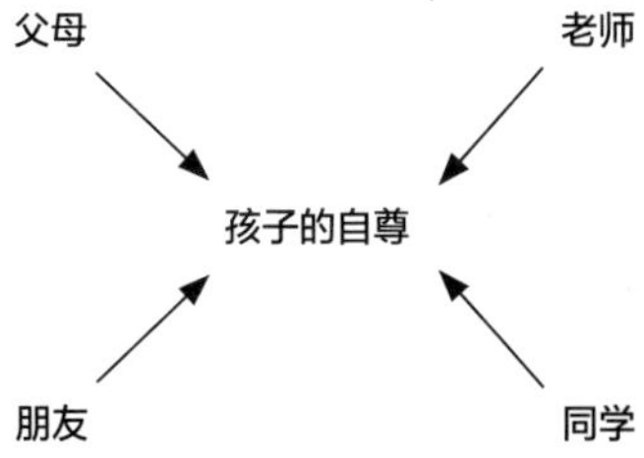

在不同年龄阶段，这四种来源的重要性会有所变化。

对低幼儿来说，最重要的意见来自于父母：随着年龄的增长，同辈的看法慢慢变得越来越重要。因此，两岁半的玛丽对想给她穿长裤的妈妈说："露西说我们可以穿裙子去上体操课，反正她比你清楚，你又不去上学。"

三岁到六岁之间：观察发现，在这个阶段，孩子的人际关系网络无论从数量还是复杂程度上来说都发生着爆炸式的增长。这种趋势在男孩身上比在女孩身上更明显。女孩喜欢一对一的交往，男孩则喜欢成群结队。这个阶段被一些人称为"小青春期"，孩子会有反叛行为，重视自己的朋友，开始脱离父母的权威。其实这个时期是自尊形成的关键阶段，尤其是在社会关系这个层面，因为这个年纪的孩子尤为关注自己的受欢迎程度。但父母并不在此列。父母仍然是最重要的情感（爱）的来源，在社会行为规范以及学业方面仍以父母的意见为主。然而，同辈的意见在外表、运动能力和受欢迎程度三个方面最受重视。这就是为什么父母很难在这三个方面给孩子信心——"可是妈妈，你不明白。"或者，"爸爸，你根本不懂。"

青春期：到这个阶段，父母已不再是最主要的自尊来源，而家庭之外的人变得越来越重要。不过，父母的赞同仍会产生重大影响，直到少年离家之后，这一影响力才开始削减。法兰西教育委员会对4000名青少年进行了健康调查，结果表明，父母并非最不受重视的交谈对象，见下表。

青少年向谁倾吐心事？

对象	多少青少年认为可以轻松地与该对象谈论自己的困扰（12岁至19岁）
同性朋友	83%
母亲	78%
异性朋友	58%
父亲	51%
姐妹	42%
健康专家	38%
兄弟	37%
老板或同事	27%
老师	24%
精神治疗师和心理专家	6%
其他	36%

青少年自杀问题

青少年自杀的现象屡屡发生，今天，法国青少年死亡的第二大原因是自杀，每年约有1000人自杀身亡。试图自杀的人数更多。为什么自杀频发？为什么发生在青春期？有些心理学家认为自尊问题可以部分地解释这一现象。

我们知道，不少青少年会出现短期抑郁，但抑郁并不是引发自杀的唯一因素。一些研究证明，青少年自杀倾向与低自尊相关。我们会在下文中看到，青少年在青春期经历的身体变化与自尊方面的问题并非毫无关系。同样，学习成绩差和难于融入工作环境也是很多自杀的青少年的共同点。

前文已经提到，随大流对自尊也起到重要作用。自杀成功的事件在媒体上被报道之后，试图自杀的人数会突然上升，像是传染病。这种现象并非新鲜事。1774年，歌德的名著《少年维特之烦恼》出版后，欧洲出现了一系列青少年自杀事件。年轻人在读完小说之后，模仿书中主人公的行为，结束了自己的生命。然而，这种从众主要影响的是那些自尊脆弱的人。

青少年在情感上非常依赖自己的父母，他对自己的看法与他跟父母的关系好坏是直接相关的。然而，所有青少年在行为表现中给父母的感觉恰恰相反，因此遭到越来越多的批评，从而失去了很大一部分的社会支持，这种损失不一定能在同辈的支持那里获得较好的补偿。结果是：青少年通过其他社会经验重新评估/恢复自身价值感的能力尚未完全到位，就在这个时候他的自尊开始坍塌。最脆弱的那些孩子经受不住打击，便开始崩溃。

这说明青少年试图自杀的行为往往是一种求救行为。在某些情况下，孩子可能是想提升自我的价值感和在别人眼里的地位，才采取这种可悲的绝望之举。在抢救室里工作的精神治疗师见多了：父母往往是在孩子试图自杀的时候才坦诚地向他表达自己的爱和关心。

现年23岁的雅司米娜说："16岁时我曾经自杀三次。当时我非常痛苦，特别地迷惘。我完全失去了方向。父亲从来不在家。母亲像疯子一样拼命工作来养活我们。我的弟弟们弄得我疲于奔命。学校里的老师总是冲我发火。我觉得没有人理解我，没有人爱我。我还记得第一次吞下母亲的安眠药时，我脑子里想象着自己的葬礼：我看到他们在哭泣，在悔恨，都说我是个不错的女孩，等等等等。说的都是我从来没有在现实生活中听过的好话。想到这些我几乎高兴起来，几乎有勇气吞下那些药片。”

葬礼上致悼词往往是我们一辈子收到最多赞美的时刻，我们身边的人此时不再反复指出我们的短处，只关注我们的优点。既然我们的社会以这种方式褒赞逝者，而在他们活着的时候对他们毫不关心，那么谁又能指责这些青少年为了“吸引别人的关注”、提升他们的自尊而试图自杀呢？

长子和幼子的困扰

小妹妹出生之后，三岁杰琳的种种古怪举动让她的父母非常担心。有一天他们发现她独自坐在楼梯上，嘴里轻轻念着：“妈妈，妈妈，你爱我吗？”妹妹出生之后她还会故意做出一些蠢事惹父母生气，像婴儿一样说话，在床上尿尿。妈妈说：“她贬低自己，故意把事情搞砸。”爸爸说：“她伤害自己。”此时她的自尊状态实在不佳。

分享父母是件难事

弟弟或妹妹的出生总是对长子的自尊造成打击。长子往往害怕失去自己在父母心目中唯一受宠者的地位。不同心理特点的孩子，其表现形式也会不同：公开反对、行为倒退、寻求关注，等等。在所有情况下，这表明孩子深深地怀疑父母对他的爱。他会想："他们是不是更喜欢另一个孩子？他们真的能将爱平分给我们吗？"由此，孩子会怀疑自己："我到底做错了什么，他们要这样惩罚我，抱着一个不认识的家伙？他们有了我还不够吗？为什么带来另一个孩子？"

一旦第三个孩子出世，第二个孩子也会一样难过，经历同样的地位变化：他成了中间那个孩子。长子此时已经度过了最难的时期，小弟弟的到来对他来说有可能是件好事，因为他作为大哥哥的权威这下翻倍了。

划定自己的势力范围

自尊与长幼次序

长子和独生子似乎比其他孩子更容易在学业上取得好成绩：在学校成绩更好，智力测试结果更佳，被好学校录取的几率也更高。是因为他们的自尊水平更高吗？这种说法不仅太过简单化，也太不公平。实际上，长子并非事事一帆风顺。他们在社会上的压力更大，而且受欢迎程度低于幼子。不同于长子，幼子的自尊以社会关系为中心，而长子的自尊以能力表现为中心。如何解释这种现象？可以用势力范围来解释。为了达到父母的期望，长子把自尊投入到成功和表现上，因为好学生的位置已经被长子占据，幼子于是选择投入到人际关系上。

劝退的艺术

五岁的克莱芒斯和三岁的奥德在家里客厅的黑板上画画。奥德笨拙地画了一个小人，水平不差，跟她姐姐克莱芒斯三岁时候画的一样好。克莱芒斯看到妹妹的画之后大叫："你画的小人太差了！画得不好！"不一会儿，奥德离开黑板玩别的去了，那个上午她再也不肯画画。

写字的时候同样的情况再次上演。奥德每次试着写字总是被姐姐打断，然后放弃，因为克莱芒斯不遗余力地打击她，阻碍她继续努力。不可避免的结果是：奥德不像姐姐那么喜欢学习和课本，很快就觉得自己不行，因此倾向于较少投入学习。是她一开始就不像姐姐那么有天分吗？

我们常常看到长子会明里暗里劝阻幼子进入他们擅长的领域，以毁灭性的打击为威胁。克莱芒斯擅长学习，所以她不停地在这个领域批评和打击她妹妹，以保持自己的领先地位。相反，她很轻易地把体育运动这个领域让给了妹妹。跟他们同一楼的邻居家里，情况刚好倒过来。长子奥克塔夫有诵读困难，把学习这个地盘让给了自己的弟弟，但小心翼翼地保护着自己在运动方面的优势。这两家的案例让人想到赛车，赛车手必须通过后视镜不断观察紧跟在身后的其他赛车。长子则不得不一直盯着弟弟，因此长子一般比幼子焦虑。

长子的压力

这种焦虑说明，长幼次序不仅影响自尊水平，还影响自尊的稳定性。对于长子而言，他的自尊首先会得到极大滋养，因为父母会为他付出更多的时间，给他拍更多的照片，后来的孩子不会享受到这些。其次，父母的情感滋养注定要被分享：不管父母怎么说爱是无限的，但父母养育子女的时间是有限的。因此长子会有一种威胁感，更加明确地认识到自己享受到的好处可能会失去，所以他的自尊没那么稳定。

对于幼子而言，情况正好相反，从他出生的那一刻起，他从父母那里得到的爱就已经是与哥哥姐姐分享的，所以他在心理上没有那么明显的有失去的威胁（除非又有弟弟出生）。另一方面，他会自动转向另一种给自尊带来滋养的人际关系：同辈的赞同与重视。长子不那么需要同辈的赞同与重视，因为他已经拥有了父母的赞同与重视。出生后的威胁感没那么强，提升自我价值的途径更多样化，因此幼子的自尊更加稳定。

长幼次序与自尊

长子	幼子
自尊水平稍高	自尊水平稍低
自尊相对不稳定	自尊相对更稳定
自尊主要来源于父母和权威人物的滋养	自尊的滋养来源多样化（同辈和家庭之外的关系）
学业表现相对更佳	情绪状态更佳
自尊主要投入在父母所期望的领域	自尊主要投入在不同于父母期望的领域
更正统	更反叛

反叛精神

上面提到的两个小女孩克莱芒斯和奥德去他们的祖父母家度假。她们在那儿找到了克莱芒斯出生以来祖父母给她买的所有玩具。很快两人之间便爆发了冲突：每当妹妹靠近一件玩具，克莱芒斯便冲过去抢走。她对妹妹说："这个玩具是爷爷和奶奶给我买的，不是给你买的。所以这是我的玩具，你不能拿。"实际上，她有更多玩具纯粹是因为她比妹妹先出生。但妹妹会怎么想呢？她会接受这个让她委屈地处于劣势的既成事实吗？还是会反抗这种现状？后者似乎才符合她的利益。而且她也马上就这么干了。她攻击姐姐，引得祖父母出面干涉，然后平均分配玩具。

美国研究员弗兰克·萨洛韦进行了多年的研究，比较孩子的长幼次序和他们的个人命运之间的关系。他的研究似乎表明，长子往往更为保守而幼子更为反叛。这在科学界尤为明显。历史上28项重要的科学革命中有23项是由身为幼子的科学家引领的。一般来说，长子更倾向于维护已有的理论。比如，法国是当年反对达尔文革命性的物种演化理论的最后几个顽固的堡垒之一，而萨洛韦指出，19世纪时，法国的出生率下降比其他欧洲国家出现得更早。因此，他所调查的法国学者平均只有1.1个兄弟或姐妹，而其他国家的学者平均有2.8个兄弟或姐妹。在政界，伟大的革命家（丹东、列宁、卡斯特罗等）多为幼子，是长子革命家的18倍。当然也有例外，比如切·格瓦拉。但萨洛韦指出，切·格瓦拉不是真正意义上的长子，实际是“幼子”，因为他从小患有严重的哮喘，所以深受母亲溺爱，四个弟弟常常联手捉弄他。

是否可以得出以下结论：因为提升自我价值的方式不同，长子更多地把自尊投入到维护传统当中（因为他们是第一受益者），给想要提高自尊的幼子留下唯一的选择：与其在长子已经占领有利位置的势力范围内与之争夺，不如改弦易辙。很多病人的故事都是这样，比如65岁的玛丽·弗朗索瓦跟我们讲的她两个女儿的故事：

“我们有三个孩子。两个大的是女儿，最小的是儿子。两个女儿非常亲近，还总是在互相较劲。但她们的行为方式很不一样。大女儿一直住在家里，直到24岁才搬走。我不得不把她赶出家门，因为她不肯出门。相反，小女儿18岁就离开家了，如果我们让她自由选择的话，她可能独立得更早。大女儿选择了我想做的职业（她是精神运动训练师），因为我一直都对心理学感兴趣。二女儿选择成为音乐家，搞艺术。家里从来没有人做这一行。一开始她父亲非常担心，她父亲是工程师，不太相信可以靠艺术养活自己。大女儿一直跟我们住在同一个城市。小女儿一有机会就到处跑。我还可以给你很多这样的类似例子。大女儿的选择一直比较传统和保守，小女儿不一样。但说到底，重要的是她们俩都过着舒心的生活。”

科学史上学者的出生次序与其对新观念的接受度

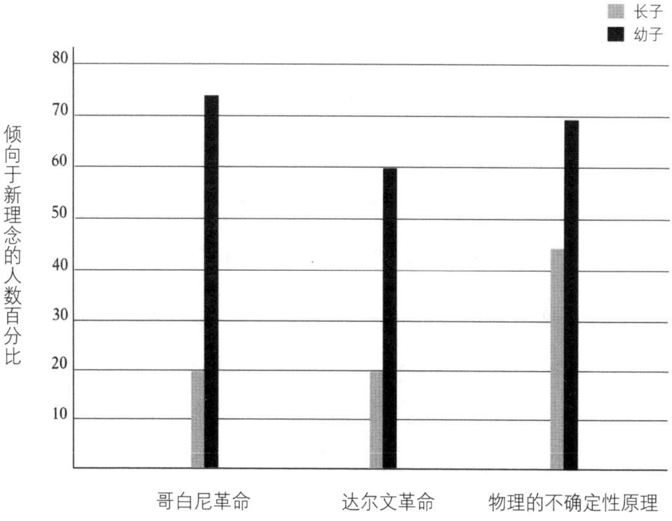

（来源：F.J. 萨洛韦）

学业上取得成功

上学的心理冲击

三岁的内西姆和艾利进了幼儿园。前者有两个姐姐，他经常跟妈妈一起送两个姐姐到学校门口，姐姐还经常向他夸学校的种种好处。因为他年纪最小，有很多表兄妹，因此习惯处在群体之中。后者则是独生子，被父母过度地宠爱和吹捧。上学之前他很少有社会交往，因为他一直被一位喜欢他且疼爱他的乳母照料。

上学一周之后，内西姆显得比以前更有自信，他很骄傲地展示自己的画，说起自己的老师和新伙伴。他遇到一些小失望，但很快在姐姐的建议下解决了。星期六早晨不用去上课，他还有些失望。相反，艾利的父母很担心：他们的儿子不喜欢去学校，上学时总是闹别扭，显得惊惶失措。他对学校很失望，觉得不如爸爸妈妈描述的那样完美。老师告诉他的父母他有点难于融入集体。上学第一天，他想强迫其他孩子接受自己，结果很快被边缘化，这似乎让他深受打击。

内西姆的自尊明显在上学过程中得到了提升，而艾利的自尊受到了小小的打击，当然是暂时的，这会使他学到一些教训。

上学对自尊的影响

家庭	学校
非竞争性环境	竞争性环境
熟悉的对象	不熟悉的对象（一开始）
以一个孩子为主	以群体为主
对孩子的要求非常个性化	对孩子的要求不太个性化（一开始）
可能倒退 （通过受到母亲的照顾恢复自尊）	不太可能倒退（尽管幼儿园的主要作用是像母亲般地照顾孩子）

对你的孩子来说，家庭生活与学校生活之间的转换可能会有些突兀，会对他的自尊产生一些影响。你可以通过给他做心理建设，提供一些关于新环境的信息来缓和环境变化带来的冲击。但是请注意，避免过分地美化学校，比如说艾利的父母在他上幼儿园的时候常常告诉他："上一年级你就会认字了。"显然他上一年级的第一天晚上回来还是不会认字。这可能会使他产生一种强烈的失望和失信之感。

高自尊的孩子就是好学生吗?

孩子的自尊水平越高，学习成绩就会越好。大部分专家做出的这个结论并不新鲜。我们都知道，实际上自尊水平比较高的孩子大多数家庭状况不错：有人照顾他们，并关心他们的学习。但是其他的观察结果还指出其他相关因素。比如有研究表明，根据自尊水平的高低，可以预测孩子遇到学业上的困难时会采取什么样的应对策略：高自尊的孩子一般会采取适应的行为，比如寻求社会支持，对未来比较有信心，有质疑自己的能力，积极面对现实，等等。15岁的塞德里克说："去年特别难，数学一团糟。我跟伙伴们讨论了一下，发现不止我一个人如此。我父亲告诉我他读书的时候也头疼数学。可他是工程师呢！这让我有了信心。我没有放弃，埋头钻研课本，心想一切都会好起来的。过了一个学期，我的数学成绩又能跟上了。"

相反，低自尊的孩子往往采取低效的态度，有可能使情况进一步恶化：宿命论，逃避问题，对未来看法消极。18岁的伊娜思说："我从高中开始不再努力学习。那年一开头就不顺，老师逼我们加快速度学，但是我跟不上节奏。考砸了两三次之后，我开始怀疑自己，开始讨厌高中。晚上放学回到家，我会把书包扔到一边，如果爸妈不问，我可以整晚不开口说一句话。高中是残酷的。然后我对自己说，我可能就不是块学习的料，因为我总觉得压力大，学得很苦。"有研究表明，差生的自尊水平低于优等生的自尊水平，传说中无忧无虑、天天玩乐的差生一下子变成了折翼的天使！学校里就已存在竞争和攀比，学业失败会导致孩子痛苦烦恼，不知不觉中破坏他的自尊。

学校教育环境的影响

大体而言，竞争性的学校体制会提升高自尊孩子的自尊，破坏非高自尊孩子的自尊。反过来，非竞争性体制对于好学生的自尊提升较少，但会改善差生的自尊。这个比较符合逻辑，因为在非竞争性体制中，成功并不会被过度看重，失败也不会受到严苛的惩罚或被示众批评。因此，低自尊的孩子不会像在竞争环境中那样感觉受到极大威胁，而竞争环境适合高自尊的孩子，他们中有的能平静面对竞争，有的则比较紧张。

留级会不会影响学生的自我价值感？我们可能会觉得有影响。其实，对这个问题进行的研究似乎指出，情况并非如此。也许是因为重新再学一遍时，这些学生感觉学起来没那么困难了。

同样，该研究还表明，因为老师采用了特别量身定制的教学法，补习班学生的自尊水平竟高于普通班差生的自尊水平。智力有障碍的学生在特殊学校里上学自尊会增强，如果他们在正常学校学习，自尊水平会下降。

这里可能有多种解释：也许是因为特殊班级/学校的教学法更强调他们的成功而不是失败，或是因为特殊班级/学校里不存在不利于他们的相互比较。也许在他们走出学校，重新融入社会时问题才会出现：这些习惯了没有竞争的小圈子的学生，在重新回到对他们来说竞争激烈的正常社会环境后会变成什么样？

学校应该更重视自尊问题

随着1968年的学生运动和英国夏山学校（Summerhill School）[1]的声名大振，从20世纪70年代开始，“新型学校”在法国遍地开花。这些学校坚持去除鼓励竞争的机制（成绩奖项等），增加课外活动，给每个孩子在至少一个领域有突出表现的机会，所有人与人之间没有等级，没有强加的关系。

以下是法国图卢兹草场学校一位校友的证言：

我在这个学校度过的那段时光充满了愉快的回忆。老师不给我们压力，成年人跟我们很亲近，尊重我们的不同，鼓励我们自由地表达自己的想法，既不责备我们也不排斥我们。那段时间给了我很大自信。相比之下，在普通高中不得不接受一般教学方式的时候，我学得很困难，那些课挺无趣的，老师态度又冷淡，也不怎么关心我们。我讨厌长时间高难度的学习。

说到底，这种新式学校的最大优点就是尽力培养学生的自尊，可惜这一目标没有被公立学校视作需要关注的头等大事之一，其实培养自尊与获得知识和学习方法完全不冲突。

---

1 夏山学校位于英国英格兰萨福克郡，是一所民主学校、另类学校，以生活公约和自主学习取代威权体制教育中的校规。它完全不由成人安排任何课程，一切的教育以学习者为出发点。它始建于1921年，由A.S. 尼尔创办。——编者注

怎么帮助我的孩子上名校?

孩子的学业成绩自然是父母关心的大事。父母都知道他们在这个方面可以起到积极的作用。然而，大部分研究指出，父母的作用并未在直接辅导孩子学习这方面体现得明显（我得检查他的作业，督促他背书），而是突出体现在整体教育态度上，他们的态度会使孩子更有责任感，比如除了在学习方面，父母可以在与孩子有关的家庭决策方面（比如去哪里度假，如何装饰他的房间）倾听孩子的想法，鼓励他表达自己的观点，征询他的意见（并纳入决策考量之中），给他小额零花钱。

单纯的学习辅导对于孩子的长期学习成绩影响甚微。小学阶段这样做收效明显，但从青春期开始，学习成绩很可能直线下降。不少成绩尚可的学生进入初中、高中和大学之后很难适应。并不是他们没以前聪明了，而是当父母提供的帮助越来越少（因为孩子拒绝父母的帮助，或者父母不再对孩子进行监督），孩子却做不到“自己”学习。

父母的角色关键在于通过对整体教育质量的提升来提高孩子的自尊，自尊水平才是最准确的学习成绩的预测指标。在学习中起到重要作用的不只是智力和认真刻苦，还有情绪的稳定性、对失败的接受度等，这些都与自尊有关。

要想让孩子学习好，父母必须平衡好“安全感”（让孩子知道父母爱他）与“规则”（提醒孩子遵守规则）。由此，我们划分出四种教育类型：

严厉型（规则太多，安全感太少。“废话少说，给我学习去。”）

包庇型（没有规则，安全感过多。“宝贝儿，我爱你，要不我帮你做作业？”）

放任型（没有规则，也没有安全感。“睡觉前记得把电视关掉。”还可以细分为两小类：一类是“有意的放任”——父母认为不引导孩子是正确的教育方法；另一类是“无可奈何”——父母干脆放弃对子女提出任何要求和建议。）

激励型（既有规则又有安全感。“宝贝儿，你的作业做得怎么样了？”）

所以很明显，想要你的孩子学习好，必须关心培养他的自尊，不仅要关心他的学习能力，还要关心他整个人。45岁的父亲让·马克将自己的态度做了如下总结：“我这辈子从来不把留给孩子物质财富作为主要目标。如果能留，当然很好，但其他方面更重要。我不愿意为了物质方面的满足而牺牲自己的幸福和他们的幸福。我自己的父亲就放弃了太多自己的生活，像疯子一样拼命工作，说是为了给我们提供优渥的生活条件。结果是我们没有好好得到父爱，他也没有好好享受天伦之乐，50岁就去世了。我觉得对我的孩子来说最重要的是对他们付出时间、爱和关心，让他们学自己想学的东西，不必焦虑需要花费多少金钱和时间，让他们对自己有信心。其他的都没那么重要。”

父母的支持

最近，有人对父母和老师进行调查，了解他们希望孩子拥有哪些素质。自信位居第二，仅次于尊重他人。同时，研究人员对6岁至14岁的儿童及青少年也进行了调查。结果自信仅排在第六位，次于分享精神和正义感。成年人和孩子都把竞争意识排在最末位。如果把这个调查结果和以前所做的研究进行对比，会很有意思。如果在20世纪60年代或80年代进行同样的调查，结果会是一样吗？过去重视高考，如今重视自我，为自己创造美好生活？

你最重视哪些品质价值？

品质	在三组中的总体排名	父母组的排名	教师组的排名	儿童及青少年组的排名
尊重他人	1	1	1	2
自信	2	2	3	6
分享精神	3	3 并列	10	1
正义感	4	7	6	5
独立自主	5	3 并列	2	12

调查问卷中的问题：

父母(527)和老师（312）：“我将列举几种孩子可以培养的品质，请一一回答您是否觉得该品质最值得重视。”

儿童及青少年（257）：“想想你的朋友，无论男孩还是女孩，他们身上的哪些品质是你喜欢的？”

情感的滋养与教育的滋养

30岁的斯蒂芬说："我知道父母爱我，但他们没有花时间表现过对我的爱，他们俩在自己的事业上都非常成功和投入。我父亲是销售经理，我母亲是广告人。我和我的兄弟姐妹是保姆带大的，周末的时候他们经常把工作带回家完成，或者去购物、见朋友，所以我们跟他们在一起的时间极少。

"我弟弟成了瘾君子之后，他们俩非常内疚，但并没有因此改变生活方式，反而更加埋首于工作来逃避，与家庭生活相比，工作能带给他们更多满足感。回顾童年，我觉得自己在父母眼中无足轻重，这种感觉很不是滋味，怪我没有吸引他们注意的能力，不能怪他们热衷于工作。因为这个，我花了很长时间才建立起自尊，说服我自己我有存在的价值。"

孩子是靠从父母那里获得的爱来滋养的。光有"爱意"是不够的。孩子需觉察到爱意，使他不至于陷入巨大的痛苦或让自尊受到无可挽回的破坏，但是如果没有具体的爱的表现和行为，孩子会自行得出以下结论："他们爱我，但是我不如其他事情重要，不值得他们重视。"孩子的自尊水平因此很低，而他的父母以为自己已经很爱孩子，得知孩子的这种想法时会非常意外。

有了"情感的滋养"，表达并给予孩子爱就足够了吗？我们都知道中国的一句古训："授人以鱼，不如授人以渔。"这句话也适用于自尊，如果你希望孩子能够引起别人的好感，从别人那里得到正面反馈来滋养自尊，就必须教会他方法。这也就是教育的作用，掌握增强自尊的策略：成功地完成社会对他的期望，表现得符合他人的期许（获得尊重、赞同、同情和欣赏，对于成年人来说，这些等同于孩子从父母那里得到的爱）。教会孩子拥有融入社会的能力，即在群体中感觉自在，能够找到自己的位置，既不夸口也不咄咄逼人，这是为人父母最重要的教育任务之一。

父母教育孩子的这两种方式，已有诸多相关理论总结，比如“表示支持的条件性”。支持分两种，区别就在于给予支持是无条件的（不管孩子做什么，他都将得到支持——爱）还是有条件的（支持与否取决于孩子的行为）。不同的支持对自尊的影响是不同的。

在前一种情况下，孩子明白自己有一定的价值，因为父母无论如何都爱他，这为他的自尊打下了牢固的基础。但这种无条件的爱并不一定保证他能让父母之外的其他人也爱他：这种孩子有可能“被父母宠坏”。在后一种情况下，孩子知道是否获得支持取决于他的行为，让人放心了，但少了一些安全感：这种孩子“训练有素”。显然，这两种滋养方式对自尊来说都是必要的，才有可能培养出“各方面充分发展”的孩子。滋养的双重缺失会导致自尊的严重损害——“被抛弃”的孩子。

自尊与父母的支持

	对孩子表示无条件支持（不管怎样我都爱你）	**对孩子不表示无条件支持（你对我来说无关紧要）**
对孩子行为表示有条件的支持（你按照我的意思做我就喜欢你）	稳定型高自尊（充分发展的孩子）	不稳定型低自尊（训练有素的孩子）
对孩子的行为不表示有条件的支持（你做什么对我来说无关紧要）	不稳定型高自尊（被宠坏的孩子）	稳定型低自尊（被抛弃的孩子）

两位家长的讲述很好地证明了我们刚刚讲到的几个方面。一位父亲讲述了他34岁的独生女，为我们描绘了一个被溺爱的孩子的形象。让我们来听听：

“我给了她很多的爱，但她的人生一败涂地：她经常与同事发生冲突，恋爱失败……起初，我总是同意她的观点，运气不好，时机不对，都是别人的错，诸如此类。但我渐渐意识到，问题的症结在于她自己。

“知道不该太娇惯独生子也没有用，人总是不由自主。况且她又是个可爱、活泼、聪明的小孩，我们太喜欢她了，什么事都原谅她。我们没有教好她，她习惯了不顾别人的意见，现在这成了一切问题的根源所在。

“另外，我想她可能很怀疑自己，她最终明白了，自己尽管有优点，也不可能是永远正确的。那么，因为她的看法总是很绝对，她会推翻自己以前的判断，反过来觉得自己一无是处。”

现在轮到另一个父亲。他说到自己25岁的儿子威廉，五兄妹里的第三个孩子。他是个“训练有素”的孩子：

“我把他培养成了一个男子汉，他却指责我伤透了他的心。这孩子从小就很难管。我强迫他去参加童子军，在那里他学到了很多今天用得上的东西。我教育他的方式跟教育其他几个孩子一样，很严厉但也很公正。其他几个从来没指责过我，只有他跟我闹翻了。他不愿意再见我，只愿意见他妈妈。现在他忘恩负义不知感激，总有一天他会感谢我的。”

接下来是纪尧姆的母亲，她说：

“我丈夫从来都不理解这个孩子。这孩子总是深深地怀疑自己，他需要很多的支持和很多的爱，但他从父亲那里得到的只有教育。我丈夫辩解说，他教育几个孩子都是一样的方式，这是事实。他非常严格地教育儿子是为了他好，用意是好的，但结果不好。纪尧姆需要的是爱，而不是训练。”

自尊的两种滋养来源

爱（无条件的支持）	教育（有条件的支持）
父母的行为不取决于孩子的行为	父母的行为取决于孩子的行为
孩子如果有不合适的行为，父母对他并不会表示质疑	孩子如果有不合适的行为会遭到批评
直接滋养自尊，但不一定能教会孩子如何获得别人的尊重	对自尊的滋养不多，但能教会孩子得到别人的尊重
影响自尊的水平（父母给的爱越多，孩子的自尊就越高）	影响自尊的稳定程度（如果孩子既得到了父母的爱又得到了教育，自尊就会比较稳定）

关于如何有效支持孩子的建议

给父母的建议

应该这么做	不该这么做
跟孩子一对一地谈心	总把孩子们当作一个整体（兄弟姐妹）来对话，或以父母双方的立场跟孩子说话
经常听孩子谈谈他的世界	直到孩子遇到问题时才关心他
对他做的事情和他感兴趣的东西表现出真实的兴趣	随意敷衍几句——“啊，你做了个模型，不错，继续做吧。”
跟孩子一起做一些事情	让孩子一个人沉浸在自己的世界里
让孩子感觉自己独一无二	总是拿他跟别的孩子比（兄弟姐妹、表亲、朋友）
给孩子树立榜样（接受批评，面对失败不会崩溃）	言行不一致，自己的行为与身为父母教育孩子时的说法相悖
教会孩子幽默地自嘲（以身作则）	当众嘲讽孩子

在关注孩子的自尊之前先关注一下你自己的自尊。因为如果你有这方面的问题，却想先改善孩子的自尊，会给孩子造成巨大的压力并缺乏说服力。请别忘了，最好的教育方法就是言传身教：你自己遇到困难时如何管理和面对，孩子都会学会。

向他们明确表示你的支持，注意不要仅使用间接的方式来表达（比如通过送礼物）。

经常向他们表达你的爱——并不是要时时刻刻说。

不要混淆情感和教育这两种方式。比如采取情感要挟的方式，当孩子有不适当的行为，不要以不爱他来威胁他改正。与其说“你让我很难过”或者“你让我失望”，在大部分情况下不如说“我对你的行为感到不满”。也不要以爱的名义否认孩子身上的问题:“你有这个问题不要紧，因为我们爱你。”

了解一个人的自尊形成及发展的过程往往有助于理解这个人。然而，人倾向于压抑和遗忘自己的苦痛，因此弄明白这一发展历程并非易事。其实，一个人成年后的需求与童年时的需求相差无几，童年时的疑虑会一直延续到成年后，下一章我们将谈到这一点。

第六章

自尊对成年人的影响

Des adultes sous influence

祝贺是彬彬有礼的嫉妒。

——安布罗思·比尔斯（Ambrose Bierce）[1]

1　安布罗思·比尔斯（Ambrose Bierce，184-1913），美国记者、短篇小说家、寓言家和讽刺家。——译者注尽管自尊的基础建立在童年时代，但成年以后的自尊并非一成不变，而是不断发展变化，继续经历各种波动。什么样的事件会改变一个人的自尊水平？成年后的我们会追求什么样的目标来提升自己的自尊？

施展魅力不无风险

弗洛伊德说："在感情生活中，不被爱的时候自尊降低，被爱的时候自尊提升。"从眉来眼去到稳定交往，从冲突到离异，情感生活的方方面面都与自尊联系紧密，相辅相成。如果说情感方面的成功与失败对于自尊的影响极大，自尊反过来也可以预测一个人在爱情方面的行为和选择。敢不敢表达自己对另一个人的倾慕？如何表达？选择什么样的伴侣？

不可承受的心理需求

所有吸引和诱惑别人的行为都是为了提升自己的自尊，不过，有些人会强迫症式地乱买超出自己实际需求的东西，有些人总要无节制地到处放电。不管遇到什么人，对他们来说都是检验自己魅力的机会，哪怕相处时间不过短短几分钟，他们仍然非常想要确定自己被人尊重和喜爱。

一个病人告诉我们："我是被收养的。很小的时候我就知道了，这给我一辈子打下了深深的烙印。我的养父母是非常热情善良的人，他们给了我很多的爱，也从来没有对我隐瞒真相，等我到了懂事的年纪就告诉了我。但他们年纪很大，我的养父疑神疑鬼，总是害怕患上绝症，养母特别焦虑，怕他死去。记得小时候我非常恐惧，特别害怕他们死掉。我意识到，一旦他们去世，我在这世上便孤苦伶仃，没有一个亲人。我觉得我就是由此开始产生了不停吸引别人的需要。不论在哪里，我总想让对方喜欢我，接受我，能够高高兴兴地多陪伴我一会儿，无论对方是商店店主、邻居、客户还是同事，当然尤其当对方是漂亮女人的时候，但不仅限于女人：我想让所有人都觉得我是个可亲的人，当我不在他们身边时他们都会想念我。好处是我很受欢迎，我这种总想取悦于人的做法让对方感到受宠，很管用。可是，我对批评和拒绝非常敏感，遇到冷淡或对我的"魅力"无动于衷的人，我会不知所措。我会立刻重新怀疑自己，发现自己过于依赖别人的好感。说到底，极力取悦别人并不能解决问题，只是为了掩饰我对自己的种种怀疑和恐惧。我并非独立自主的人，完全依赖于别人给予的微笑和赞许。”

竭力取悦别人是一种病?

最早的精神分析令“歇斯底里”这一概念得到广泛传播，在大众的认识里，歇斯底里与无责任调情密切相关。在大部分人的印象里，歇斯底里的女人爱撩拨挑逗别人，发出诱惑的信号，实际上却并不愿或并不能与之发生肉体关系或付出感情。“她所表现出来的引诱既非有意献身亦非交往承诺”。

国际精神医学界普遍将这类人归为表演型人格障碍，其特点是身不由己地想要吸引别人注意自己，表现得美好动人，讨人喜欢；同时极难投入到稳定满足的情感关系中。似乎可以用自尊水平因受打击而降低来解释这种行为。无论男女，表演型人格者从反复引诱别人的过程中获得的满足大大超过投入一段持久的关系中所获得的满足。看到自己能吸引别人就能使他得到肤浅的满足，而冒着令对方失望的风险在交往当中展现真实的自己，这反倒让他极为惶恐。这种态度导致其自尊分裂，走入死胡同：在好的状态下，他觉得自己在性方面有魅力有本事，与此同时，他觉得自己很无趣，没有持久吸引力，无法留住伴侣。

面对拒绝

尼古拉32岁，他说:“我不敢主动接近女生。一想到她们会对我说‘不’，我就很恐惧。在我看来，她们的拒绝等于确认我是一个不值得爱的人。我觉得，在潜意识里我宁可不知道答案，被蒙在鼓里。”与他如出一辙，27岁的瓦莱丽说：“我只跟那些自己并不太喜欢的男生交往。我对自己的看法极其负面，以至于我觉得自己配不上比他们更好的。”

那些因为感情上的问题来找我们治疗的病人非常脆弱，让人不禁觉得“爱情国地图”更像是一个惨烈的战场，而非牧歌式的花园。要吸引别人，就得冒风险，因为我们拱手献给别人拒绝自己的机会，而没有一个人能在遭到拒绝的时候做到毫不在乎。

这种拒绝可能立即发生，我试图吸引的那个人会以友好或不太友好的方式向我表明他对我没有兴趣。这种拒绝令人痛苦沮丧：我觉得自己由于表面原因（长相、社会地位、笨拙等）被人拒之门外，认为对方没有“给我机会表现自己”，假如对方了解了“真实的我”是什么样，他很可能会喜欢上我。

拒绝也可能稍晚一点发生。两个人开始交往不长的一段时间之后，对方提出分手。这对自尊造成的打击更为严重：对方“试用”过后决定不要我了。所以，相对于一开始即遭拒绝的情况，相处中暴露的问题更为深层。我已经投入其中，展现了真实的自己，结果却是失望。

可以理解，自尊心脆弱的人会害怕冒这样的风险。

买下虚拟未婚夫，自尊即可提升

马克斯40岁，蓝眼睛，英俊迷人，在科罗拉多州从事房地产开发，座驾是红色敞篷宝马。他会滑雪、打高尔夫和网球，喜欢旅行和聊天。这样难得的完美男人上哪儿找？

请垂询美国的完美男友（Boyfriend in a Box）公司。只需10美元，你就可以在八款魅力男友（医生戴夫、救火队员弗兰克等）当中任选一位。你会收到大小不一的照片（适合贴在办公桌上或放在钱包里）、三条虚假的电话信息（当你晚上带朋友回家聚会时可以在电话答录机上收到）、一张明信片等。这一切都是为了让人相信你拥有这样一位男友。因为存在这样的市场：单身女人怎样才能避免被人看不起？这项服务推出两年后，12万女性顾客购买了虚拟未婚夫。为男性客户设计的女友（秘书、超模、护士等）也即将上市。

魅力实验室

为了确认能否凭自尊水平来预测人们追求异性过程中的行为，研究人员做过多次科学实验。下面这个实验可以称之为“失败的男人不敢勾三搭四”。

一些男性大学生受邀参加所谓“智商测试”，给其中随机选取的半数人较好的测试结果，另一半则得到较差的测试结果。目的是：给他们的自尊一点提升或者打击。告知测试结果之后，测试官找借口走开，让这些男学生在学校自助餐厅遇到数位年轻女生。这些年轻女生实际上也是研究人员请来帮忙的，她们的任务是记录下各位男大学生对她们采取的追求行为（赞美恭维、帮她们买单、要电话号码、提出约会邀请等）。那些在所谓“智商测试”中得到好成绩（自尊水平上升）的男生会更加主动出击，追求遇到的女生，而那些测试成绩较差（自尊受到打击）的男生几乎都没有出手。

这个实验结论对那些花心丈夫的妻子或有参考价值：反复告诉丈夫并向他证明他并没有什么了不起，也并不是那么聪明，也许他就不会再多看其他的女人，或者不会再多看其他漂亮女人——因为上面说的这个实验还没完。

实际上，那些专门吸引男大学生的年轻女生当中，有一半的人被精心打扮了一番（涂脂抹粉，穿着入时），另一半则打扮随意。研究人员发现，“智商测试”成绩好的男生会对漂亮女生发起积极进攻，而成绩差的那些男生斗胆出手的时候只敢接近不太漂亮的女生。

第二重教训：人是依照他对自己水平的认识来选择潜在伴侣的。伴侣的美貌程度也许是男性的自尊水平标志之一。或者，从另外一个角度来解释，美貌伴侣的作用是维持他们较高水平的自尊!

这种实验可以嫁接到女性身上吗？在现今社会，大部分人仍认为在追求异性的过程中应该由男性采取主动，女性的权力是鼓励和接受男性的追求。在这种前提下，与自尊相关的某些因素是否会促使女性接受或拒绝男性的追求？下面这个实验将提供解答。研究人员对一些女生进行了与上一个实验类似的实验：他们随机给这些女生宣布所谓“智商测试”结果。在女生得知测试结果的同时，一位安排好的男学生“偶然”闯进来，与她们开始聊天。这名男学生跟每个女生都聊得火热，在离开之前向每一位都明确表示想再次见面的愿望。此后，这些女生被邀请进行另一项假测试。在测试当中，她们要对最近碰到的一些人进行评判，包括刚刚遇见的那个男生。结果：测试成绩较差的女生对这个男生的评价远远高于其他人，尽管他只是一个素不相识的陌生人。而测试成绩较好的女生对该男生的评价则更为客观。这个实验并不能明确肯定那些自尊心受到打击的女孩是否会接受约会邀请或其他进一步要求，但至少可以让我们认为其中一部分人可能会这么做。

结论：女人在受到轻视时会更容易接受追求。理所当然，因为说到底，追求不就是赞许和仰慕的信号吗？这一切对摇摇欲坠的自尊心极有好处。

如何处置单身老朋友

你有两个单身的老朋友，一男一女，你打算开个派对把他俩凑成一对。你该怎么做来提高这次做媒的成功率呢?

答案:

巧妙地提高男性朋友的自尊:“瞧，老兄，你今晚表现太棒了。女孩子都觉得你很可爱，你的人气简直爆棚。”同时不动声色地降低女性朋友的自尊:“哎呦，你今天不够美呀! 脸色很不好! 跟我去洗手间，赶紧补个妆。”

接着把他们俩介绍给彼此。

选择对象

施展魅力吸引对方，这是没错的，但首先要弄清楚我们选择调情对象的标准是否与选择未来伴侣的标准一样。在短暂的关系当中，选择能提升我们自尊的人看似比较合理，而在长期的关系当中，情况不太一样：当我们开始想到一辈子相伴相随的伴侣生活，我们会更倾向于那些对我们究竟是怎样的人认识更为清醒的对象。

被崇拜还是被理解？

你受邀去参加一个派对，在派对上你碰到五位很有魅力的人。（太幸运了！）你具有特殊的能力，能够看穿他们的想法：其中一个对你的看法跟你对自己的看法一模一样；另一个对你的看法稍稍高于你自己的看法；第三个把你看得比你心目中的自己好很多；第四个对你的看法比你自己的看法稍差一点；第五个则把你看得比你自己认为的差很多。得知他们对你的看法之后，你觉得谁最吸引你？想和谁调情？你又想与哪一位建立长期稳定的关系呢？

有人对300位被试者进行了这个实验，他们在一个设计好的派对上遇到几位安排好的对象，并获知这些对象对他们的评判。实验结果惊人：即刻被吸引的感觉（“我想跟这个人来一段露水情缘”）往往指向给出正面评价的虚拟对象，换句话说，被试者越是受到欣赏，越是感觉开心，越愿意与对方相处。而第二眼钟情的感觉（“我觉得跟这个人能成为不错的伴侣”）主要指向评价稍微偏高一点的对象，而评价过高的对象从长期的角度来看吸引力反而下降！换句话说，选择未来伴侣的标准与选择短期交往对象的标准不一样：寻求短暂关系时，多数人想提升自己的价值感；而寻求长期稳定的关系时，他们想找的是一个对自己的评价比较中肯但稍稍偏高的人。

对方的评价如何影响我们的情感选择

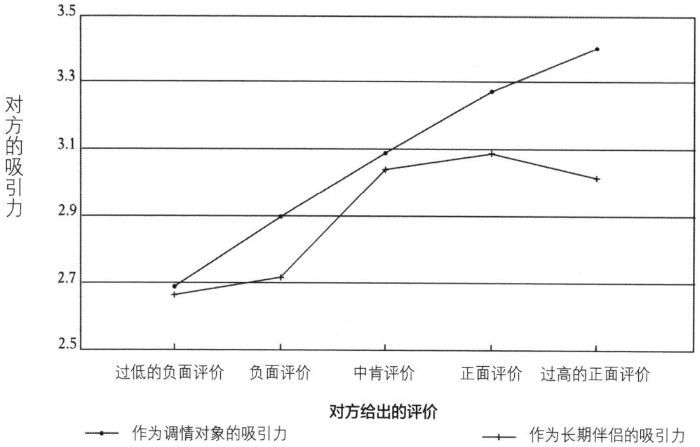

（来源：S. Epstein 和 B. Morling in M. H. Kernis.）

你如果参加这个实验，会如何回答呢？

从容的选择与仓促的选择

务必选择真正了解我们自己的那个人步入婚姻。这个倾向在自尊低的人身上更为明显。一个针对已婚夫妇的研究表明，对自己持正面评价的人，其伴侣一般对他的看法也是正面的，而对自己持负面评价的人，其伴侣的看法往往与他的完全一致！自尊低的人认为婚姻不是为了自欺（不无道理），无疑，他们觉得“爱是短暂的疯狂，可以用婚姻来治愈”。

然而，这种行为还是看似有点奇怪，我们不禁要问，一个自尊低的人做出选择的时候完全清楚自己的理由吗？还是无意识的选择？这种选择是理性而深思熟虑的，还是出自本能？下面这个实验能帮我们找到答案。

研究人员向自愿被试者介绍若干个可选的恋爱对象，然后告诉被试者几位对象对被试者的所谓评价。这些评价当然是随意的，有时是正面的，有时是负面的。自尊水平各不相同的被试者将会选择哪一个恋爱对象呢？一切都取决于被试者被允许做决定的时间长短。

如果研究人员让被试者有足够的时间好好考虑自己的选择，我们会得到与前一个实验相同的结果，高自尊的人倾向于选择对自己评价积极的对象，而低自尊的人往往选择与他们对自己的看法一致的持负面评价的对象。

反过来，当研究人员要求被试者迅速依靠直觉进行选择（比如给他们很短的时间，并让他们同时记住一系列复杂的数字，以阻碍他们集中注意力），低自尊组被试者的实验结果就不一样了：在时间仓促的情况下，他们更乐意选择对他们持正面评价的对象。

换言之，当他们听从自己的理性逻辑，低自尊的人更愿意选择那些对他们持负面评价的对象：这样就与他们对自己的看法保持一致，不会使他们陷入可能令对方失望的局面（既然对方对他的缺陷已经了解，在选择他的时候自然心里有数）。

但是，如果他们听从自己的直觉，往往会选择那些对自己持有积极看法的人。这个选择究竟是否正确，难以说清。当你的自尊较低，而你的伴侣对你的评价积极，可以给你带来鼓励（“其实我也不是那么差”），渐渐提高你的自尊水平。不过这也有可能让你焦虑不安（“我一定做不到，我是个冒牌货”），最终令你的自尊水平产生波动甚至进一步降低。

伴侣关系中的心理调适

我们之所以组成家庭，是为了让自己生活更舒心，提升我们的自尊，至少是这么打算的。但现实中的家庭都是这样吗？对双方来说都是如此吗？

伴侣关系有益于谁？

有研究显示，婚姻一般来说更有益于提升丈夫的自尊而不是妻子的自尊。为什么？伴侣关系建立在双方的奉献与妥协之上，然而一般而言，妻子是在伴侣关系中做出更多妥协的一方，可能在一些次要的方面做出妥协，比如承认丈夫的厨艺更好，让他来为客人准备饭菜，而平时的一日三餐由妻子负责。但也可能是在更重要的方面做出妥协，比如妻子通常会放弃自己的事业全心操持家庭。

一位病人曾告诉我们：“我有两个孩子，我不工作。当年曾经找过工作，但那些有意思的工作似乎与家庭生活无法兼容。我丈夫收入颇高，总是叫我在家待着。我对自己现在的生活挺满意。夫妻关系融洽，尽管我丈夫工作时间太长，我的孩子在我眼里非常的优秀，我有朋友，生活得也很舒心，但有时候会对自己产生一些疑问，在各类晚宴认识新的朋友时（因为我丈夫的职业关系，这种情况经常发生），别人会问起我做什么，我回答说自己是家庭主妇。他们马上说做家庭主妇很难，很了不起，我做得对，等等。我一点也不相信他们说的这些话。从我说出自己是全职太太那一刻起，那些跟我同样年纪、有工作的人就把我归入游手好闲的中产阶级主妇一类。现在，我刚过40岁生日，我必须承认这让我非常苦恼。”

角色分配的艺术

夫妻之间的妥协，原则上是双方共同的决定，划分每个人的“能力范围”：夫妻双方彼此承认对方在各自的领域是专家和决策者。关系和谐的伴侣之间这些能力范围是公平分配的：一方被认为是在子女教育方面最有发言权的人，另一方则在理财、家务方面拥有决策权。

一名年轻女性告诉我们：“我跟丈夫之间尽管没有明确地说，但我们多年来已就角色分配达成一致。因为我更擅长社交，所以由我来扮演外交部长的角色——给朋友、亲人打电话，处理邻里关系，等等。我丈夫负责家庭生活管理方面的问题，比如理财、与政府部门打交道——他是财政部长。子女培养方面，我是教育部长。他有时候扮演并不那么受爱戴的内政部长的角色，对四个调皮的孩子进行纪律方面的管理。我们彼此承认对方的能力，而我们的亲友也是这么看的。”

夫妻之间的角色关系并不仅仅关系到家庭内部，还关系到对外的形象。对外社交时妻子让能说会道的丈夫独霸发言权，丈夫接受妻子为周遭的人视为艺术家而自己被视为没有很高品位的人。此处最重要的是平衡，夫妻关系若要持久，其中一方不能独占所有轻松有利的能力范围。每一方的自尊都应该在伴侣生活中得到公平的“滋养”。

爸爸的自尊

插画家菲利浦·科朗丁（Philippe Corentin）在他的儿童绘本《爸爸没时间》（*Papan'a pas le temps*）里用戏谑的方式调侃了夫妇之间看似公平的任务分配：

“大部分夫妇是由一个爸爸和一个妈妈组成的，或者反过来。”

“通常爸爸更聪明，可是生孩子的是妈妈，爸爸没时间。”

“大部分时候，家务事分摊：爸爸第一个睡，妈妈第一个起，妈妈不需要刮胡子，所以由妈妈来做早餐。”

“尽管爸爸做饭做得更好，但平时做饭的是妈妈。不过，妈妈更擅长洗碗，所以妈妈洗碗。”

“爸爸更擅长读报，所以读报的人是他。爸爸不懂孩子，所以照看孩子的是妈妈。妈妈不懂足球，所以看足球的是爸爸。”

骄傲还是嫉妒?

夫妻关系融洽，双方都从对方的成功中获得喜悦和价值感。双方的自尊都得到了提升：一方是直接的提升，另一方则是间接的提升。

夫妻关系不融洽或者发生冲突的时候，双方施展浑身解数一比高下，比如当着客人们的面不停打断对方，或者互相捣乱。被丈夫惹恼的妻子对客人说：“你们知道吗，别看他装得这机灵样儿，其实……”同样地，在明显极不平衡的夫妻关系中，更有能力、更被外人欣赏的一方可能试图压制另一方，把他当作奴隶。儒勒·列那尔在《日记》中写道：“每一个趾高气扬的丈夫背后，都有一个忍气吞声的妻子。”

大天才的小心眼

伟大的物理学家、诺贝尔奖获得者阿尔伯特·爱因斯坦生前给自己精心打造了一个传奇式的公众形象，以至于让人忘了他在私生活方面的种种不是。近来有人披露了他的私人通信，我们可以从中看到，这位伟大的科学家明显自尊较高，对自己的妻子却不够尊重，比如他会在信中这样对妻子颐指气使：

一、你必须保证：1.我的衣物和床单整洁干净；2.每日三餐送到我的书房；3.我的卧室和书房都必须保持整洁，我的工作台不能让除我之外的任何人触碰。

二、你放弃与我的任何私人关系，必须维护的对外形象除外。特别是：1.不可对外声称我在家与你共处；2.我与你一同外出或旅行。

三、你明确保证遵守以下几点：1.不期待我向你表达任何爱意，也不因此指责我；2.我对你说话时必须立即回答；3.当我要求的时候你必须即刻离开我的房间和书房，不得与我争辩；4.你保证不会在孩子面前否定我，无论是以语言还是行动。

当时爱因斯坦正与一位女性保持通奸关系，但他不想离婚，因为在1914年那个时候，离婚是丑闻。数日后妻子带着两个儿子离开了他。

夫妇与孩子

人人都知道，父母喜欢听到别人赞美他们的孩子，这能提升他们的自尊。

当我们问到成年人如下问题："人生成功最重要的标志是什么？"回答中出现最多的是"有孩子"(45%)，远远超过"事业成功"(25%)，"爱情美满"(25%)和"赚很多钱"(4%)。也就是说，接近半数的当代人认为有小孩带给他人生完满的感觉和自尊(人生成功)。

可是，孩子究竟以何种方式提升了父母的自尊？父母仅仅因创造出了与自己相似的小生命而得到自恋式的满足吗？前文提到的问卷调查可以提供一些思路。当被问到"今天的父母对孩子期望是什么”，最多的回答是“希望孩子超过父母，人生更成功”；其次是“希望他们有家庭观念”或者“希望他爱父母”；仅有4%的被调查者回答“希望孩子像自己”！因此，大部分人想要小孩，是为了要他们在自己人生失败之处获得成功……

然而人算不如天算。一部分社会学家观察发现，越是贫困的人家生得越多。他们曾经提出这一假设：生育能力能提高父母的自尊（“我们没钱，但是我们有孩子”）。如今我们知道这个理论并不成立。有孩子并不一定能提升自尊，反过来，自尊水平低对生育孩子的多少毫无影响。低自尊的人并不一定比其他人生育得更多！

此外，有孩子可能会带来负面影响，主要是对女性而言，在当代社会中，工作是负责维持较高自尊的重要组成部分，孩子会阻碍女性实现自我发展。近期的一项调查表明，拥有两个或两个以上孩子的母亲越来越难找到工作。

生育情况与工作

	1994年	**1997年**
有工作的、年龄在25岁至29岁之间的两个孩子的母亲	63.5%	52%
	1990年	**1997年**
有工作的、年龄在30岁至34岁之间的两个孩子的母亲	70.5%	59%

微妙的力量关系

童年并非像我们长期以来愿意相信的那样无忧无虑，同样，夫妻关系并非充满了无限的爱，而是一个双方不断角力的舞台。有些夫妻之间存在一种暗地里的竞争，双方都想通过出色的表现来吸引对方。在一部描写婚姻破裂的小说中，女主人公卡特琳娜试图弄明白丈夫为什么出轨，作者弗朗索瓦兹·尚德纳戈尔(Françoise Chandernagor)借卡特琳娜之口说："为了博得这个出类拔萃又放荡不羁的男人的青睐，我从青春期开始便一直努力超越自己：难道在超越自己的同时，我已经超越了他？"

给夫妇的练习题

问自己以下三个问题（与配偶共同讨论则更佳）：

1.我的伴侣关系给我的自尊带来什么样的影响？直接的影响：我的配偶在哪些方面让我实现了我的部分目标？间接的影响：我的配偶有哪些方面让我引以为荣？

2.我的伴侣关系是否建立在平衡的基础之上？我是否帮助我的配偶实现了他/她的部分目标？他/她是否以我为荣？我和他/她是否从中获得了同等的益处？

我是否感觉在某些方面与配偶处于竞争关系？我们是否相互嫉妒？是否曾经开诚布公地谈过这个问题？

如何打击配偶的自信

策略	范例
拿配偶与另一个人（他不喜欢的人）相比，贬低配偶	“你不喜欢你婆婆，可她至少会努力招待客人……”
批评配偶的亲人	“你可真小气，让我想起你爸……”
批评他的外表	“嗯，你从去年夏天开始长胖了吧……” “我以前没发现你从背后看起来这么瘦弱……”
提起旧爱并表现出后悔	“瞧这张照片，我记得的。他是某个意大利部长的儿子，他当时爱我爱得不得了，想跟我结婚，还给我写了很长时间的信，后来……真想知道他现在怎么样了。正好我要去罗马出差……”
津津有味地描述伴侣不在的时候和有意思的朋友一起度过的美好夜晚	“昨天太棒了！跟好玩的人一起度过愉快的时光真开心。好久没这么开心了。可惜你不在，你要是去了应该也会很愉快……”
抱怨，令对方有负罪感	“想想我为你付出了多少……”
夸赞潜在的情敌	“你看见昨天晚上那个漂亮女孩了吗？杜邦家的邻居？对，就是跟我跳舞的那个……她可聪明了，才不是那些嫉妒她的女人说的那样笨……” “那个男孩很有魅力。哪个女孩追上他可真是走大运了……”

另一些夫妻关系中，一方或双方总想压制对方的自尊，免得对方超过自己，给自己造成威胁。下面是一对夫妻的故事，丈夫来找我们进行治疗。

妻子是业界有名的理财经理，丈夫是位籍籍无名的画家。

在与亲友的交谈中，她总是说希望他有朝一日成名，她就可以不上班，在家做全职主妇，照顾孩子，“享受生活”。可是同时，她又不断打击丈夫，甚至常常公开说：“幸好有我的工资，不然，就靠这个可怜的家伙赚的那点……”她对女友们透露，丈夫不够有才，成不了大家。而他们的亲友都觉得，如果她丈夫出了名，她肯定受不了，因为两人之间的力量关系会彻底改变，也许他还会离开她。她丈夫其实很受欢迎，大家都喜欢他。而她就没那么招人喜欢，有一部分人难以忍受她言语上的咄咄逼人，居高临下，动不动就对人评头论足。

这位妻子是典型的不稳定型高自尊的人，父母很早离异，父亲很出色，但对母亲不忠，所以母亲不断在孩子面前数落父亲的种种过错。而这位丈夫是个不稳定型低自尊的人，母亲极为强势，父亲在其压制之下毫无地位可言。

这一对夫妻之所以还能维系，是因为：妻子会照顾孩子，头脑聪明，丈夫乐于承认妻子的这些能力（他仰慕她的聪明才干和好强的个性）；丈夫擅长人际关系（妻子对此心怀嫉妒），并有艺术才能（妻子对此心悦诚服，不嫉妒）。万一这个平衡被打破，会发生什么？也就是说，如果丈夫真的成了名会怎样？或者，假如心理治疗成功之后，妻子改变以前咄咄逼人的态度，变得更受人欢迎，情况又会怎样？

为何争吵

你想过没有，夫妻之间为什么发生争执？答案很简单：一旦有必要，通过争吵将对方的自尊水平调整到更合适的水平。

争吵是所有普通夫妻关系的一部分，有些争执可被视为“正常”的，能让双方表达自己的期望和不满，并推动局面的发展，争吵之后没有任何一方感觉被羞辱，双方的自尊都没有受到直接的打击。

有些冲突则标志着婚姻关系出了问题：争吵不断，无法找到解决问题的办法，尤其是互相猛烈攻击对方的自尊。配偶之间争吵时出现“手段低下”的攻讦，在婚姻咨询治疗当中被视为不良迹象，包括无法让对方从中汲取教训、努力尝试改变或提高的肆意指责和辱骂。比如对配偶外表的批评：“你以为你就长得漂亮啊？”或者对其家人的指责：“你这么做我一点都不奇怪，看看你爸妈就知道……”或提及过去的失败：“你这辈子就没做成过一件事。”无可挽回的恶言对对方的自尊造成极大打击，对方永远不会忘记。这些言语表明说话者有意无意地想要压制对方，打压对方的自尊。

正常夫妻冲突和婚姻亮红灯时的夫妻冲突

正常范围内的争执	婚姻亮红灯时的争执
目标：使对方改善行为	目标：降低对方的自尊
以第一人称、直接地表达自己的情绪：“我很生气。”	将不良情绪归咎于配偶：“你让我觉得恶心、不愉快。”
寻求解决方案：“该怎么办？”	寻求责任者：“这是谁的错？”
批评只针对行为：“你这么做让我觉得难办。”	批评针对个人：“你真无能！”
矛盾有终结（不赌气，不报复）	矛盾不断累积、不断重现（可前两天你跟我说……）
争执让双方重新平衡彼此之间的力量关系（争执过后双方各有得失）	争执使双方之间的力量关系失去平衡：巩固一方的强势地位，或颠倒原有的地位关系（争执过后总有一方处于上风）

夫妻相敬如宾的愉悦

夫妻间的冲突给无数小说家和电影人带来了源源不断的灵感。丹尼·德维托（Danny De Vito）执导的电影《玫瑰战争》（*La Guerre des Rose*）描述了凯瑟琳·特纳（Kathloen Turner）和迈克尔·道格拉斯（Michael Douglas）之间无休止的争吵。而史上最壮观的夫妻世纪大战应该还是作家爱德华·阿尔贝（Edward Albee）在《谁害怕弗吉尼亚·伍尔芙？》（*Qui a peur de Virginia Woolf*）里写的：

玛莎：乔治！（他抬起头）看见你我就想大吵一架！

乔治：你说什么？

玛莎：看见你我就想大吵一架！

乔治：你知道，你这么对我说话可不太客气啊，玛莎。

玛莎：不太什么？

乔治：不太客气。

玛莎：我喜欢看你发火，你这样子我还喜欢一点，发火的时候，可你还是个没用的懦夫，乔治，你没有一点……

乔治（打断她）：肚子里没货？是这意思吗？

玛莎：墙头草……

如果我爱上你，你可小心了！

嫉妒在绝大多数情况下是脆弱的表现。对对方的怀疑反映了对自己的怀疑："我没办法守住他，没有他也无法继续活下去，所以我要不停管着他。"

嫉妒可能出现在自尊较低的人身上，比如28岁、无业的艾米莉。她说："我没有得到过爸爸的爱。他从小就偏爱我姐姐，姐姐比我更像他，而我像妈妈，他却总是跟妈妈吵个不停。我一直都不喜欢我自己，从来不觉得自己长得多好看或者有修养。但是我很早就发现男孩子都喜欢我。跟一个男生刚认识就调情，对我来说很容易，但是交往没多久就会分手。我知道我容易吃醋，可我会故意勾搭另一个男生作为报复或者轻易离开一个看似不够爱我的男生。结婚以后，我这方面更是变本加厉，嫉妒心大爆发。只要有一个女人看我丈夫一眼，我就会疯了一样吃醋。我已经好多次在公共场合对他发脾气，大吵大闹。一开始他还觉得挺好玩，向我发誓并注意不搭理其他女人。现在他已经受不了我了，我把他弄得很痛苦，我也是。我正在亲手毁掉自己的婚姻，这看起来像是我不想让自己得到幸福。我恨我自己这种样子……”

艾米莉的嫉妒源于她对自己的怀疑，认为自己的魅力不足以留住丈夫。当她觉得自己的丈夫对另一个女人感兴趣的时候，她立即怀疑自己根本没有能力重新赢得自己丈夫的心。这对她来说是爱情彻底失败的证明。

有时候，高自尊的人也会有强烈的嫉妒心。比如45岁的弗兰克，他是一个企业的老板，他妻子说：“他受不了别的男人对我表现出哪怕一点点殷勤：看我一眼，一个微笑或者赞美一句，他就开始发飙。他整天提心吊胆地管着我。起初他告诉我这是因为他太爱我了。可我现在认为这恰恰是因为他不够爱我。他把我当作他的财产，当作宠物。我的生活里只能有他一个人。”

弗兰克的嫉妒来自于他想要控制自己周遭一切的愿望。这种心理可能有助于他在生意场上的成功，在婚姻当中反而帮了倒忙。他的妻子指出，令他产生嫉妒的男人是那些他认为具有他自己所没有的优点的男人。比如说那些更年轻的或者学历更高的男人。弗兰克白手起家，很聪明，但对于自己没有高学历一直耿耿于怀。

失恋的痛苦滋味

失恋对人的自尊影响深远，失恋的痛苦是一种近似于抑郁的体验：失恋者看低自己（我真没用），对未来绝望（我的生活里再也不会有什么快乐），对自己平时觉得有意思的事情失去了兴趣（我对一切都失去了欲望）。我们知道，患相思病的失恋者尽管没有真的抑郁，但他们的自尊水平一般比较低。

一位法学院的男学生说："我记得有一天晚上我跟一个很漂亮的女孩儿搭上了话。第二天她却打电话告诉我不想再跟我见面，简直是晴天霹雳。我原本特别开心能和这个女孩相识，但好像突然出了什么问题，一夜之间本来属于我的奖杯或证书被人拿走了，并告诉我：不，不是你的。你不配。我没办法对那个女孩生气，但我觉得自己受到了羞辱，非常可悲。深深的羞耻！接下来的几天，我不断问自己，心想其实我这个人没什么吸引人的地方。我一一回顾过去的种种问题、自己的缺点、人生中的败笔以及自己做错什么令对方不喜欢。那段时间极其痛苦。我体会到了抑郁症患者的感受。不过现在回过头来看，那段经历对我来说有帮助。"

不同自尊水平的人面对分手会如何反应？弗朗索瓦兹有一次给我们作了解答。在《结发妻子》（*La première Épouse*）一书中，她描述了女主人公在婚变之后经历苦痛重新开始新的生活的心路历程。女主人公采取了多种策略来保护自己的自尊：

▸“我不是被丈夫欺骗了，而是我自己看错了人。”女主人公宁可承认是自己选择错误，而不是她没能让丈夫足够爱自己或者没能维系得更长久。这段婚姻从一开始就注定失败。那么，她对自己的怀疑就会少一点。

▸“我想象自己在家里以基督徒的善意接待我的情敌，与她和解。我不用蔑视来压倒那个女人，我用宽大胸怀来压倒她。总之就是要压倒她。”女主人公这一步算计很聪明，采取宽宏大量的态度，而不是用报复逞一时之快，从长期的角度来看保护了自己的自尊。

▸“尽管我曾经那么爱我的丈夫，但我对他的爱并没有长过对我的这片土地的爱。我理解他为什么觉得自己受到了欺骗。从一开始，每时每刻，我都欺骗着他。我爱的是那些河流的回忆和榛子树的树荫。”被抛弃的女主人公忍不住试图改写自己的过去，给自己编造一个主动的角色（现实生活中她其实是被动承受的角色），找到其他兴趣点。

一辈子的朋友

没有朋友你能活下去吗？能，但不快乐。友谊对自尊起着重要的作用，滋养和维护我们的自尊。

如何交朋友?

为了研究一个人自我介绍的方式是否影响别人对他的评判，社会学研究人员将被试者分为三组，第一组夸耀自己（我是一个很不错的人，优点多多），第二组贬低自己（我这人没什么本事，我有很多缺陷），第三组不偏不倚（我既有优点也有缺点）。结果，夸赞自己似乎比贬低自己的更可爱，但最受欢迎的是适度肯定自己并承认自己有一些缺点。过度夸耀自己有时候显得言过其实，过度贬低自己似乎说明不够了解自己。

美国人卡耐基（Dale Carnegie）在他经久不衰的畅销书里给出了如何交友的建议。《六种赢得别人同情的方式》（*Six moyens de gagner la sympathie des gens*）实际上就是提升对方自尊的方式：倾听别人说话，谈论他们喜欢的东西，让他们感觉自己很重要，等等。尽管这些建议写于20世纪30年代，但今天仍然适用。别人喜欢我们，往往是因为我们满足了他们的自尊心。

与我心心相印的朋友

蒙田（Montaigne）在随笔集中赞美友谊的词句家喻户晓："一次偶然的机会，在某次市政重大的节日上，我们邂逅相遇，一见如故，相见恨晚，从此，再也没人比我们更接近的了。"

当我们越觉得与一个人接近，越是与他相像，越容易成为朋友，这友情也越容易长久。当我们怀疑自己的时候，这个现象更加明显：此时与我们观点相同的人可能更加容易和我们成为朋友。

友情与杂处

13位志愿者必须在一个封闭的环境里共同度过10天，食物供应有限，为的是使他们处于糟糕的情绪状态之中。此前，研究人员给每个人一份调查问卷，问卷内容涉及很多主题。在实验当中和实验结束之后，被试者被要求填写调查表，调查他们对同组被试者的同情或反感程度。结果发现，调查问卷答案越接近，被试者彼此越欣赏。

启示：如果你必须面对艰难的困境（海上航行或者穿越沙漠），最好提前弄清楚同行的人对人生的看法是否与你的一致！

大部分人倾向于选择与自己差别不太大的人做朋友，至少在自尊的几个重要组成方面相差不大：外貌、社会地位，等等。如果两人初始差别较大（比如社会阶层不同），共同点必须非常一致，而且不能太少，才能结下友谊。

这在青少年身上表现得更加明显。青少年喜欢与亲近的人成群结队，为了避免不良的社会攀比，他们会自愿选择与自己能力接近的人做朋友。社会边缘群体当中也有这种现象：低自尊的人聚集在一起，相处愉快，提升彼此的自尊，他们同时都感到被社会抛弃。所以，贫民窟的人自尊水平不见得低于其他社群的人，其中各色人等并不与贫民窟之外的人进行比较，而是与同一群体中的其他人互相比较。

患难见真情

人什么时候会联系朋友？出于什么目的？高自尊的人往往在获得成功之后联系朋友，寻求鼓励，似乎在说："瞧，我这次又表现得这么出色！"很明显，长此以往会惹恼一些人。

低自尊的人反过来会在经历失败之后主动联系朋友：朋友是倾听他们抱怨的垃圾桶。越是这么做，越容易给人留下失败者或受害者的形象。从朋友那里获得的安慰会越来越苍白无力，因为他的朋友们最终会厌倦自己并不想扮演的心理治疗师的角色。这么做你会更快地失去朋友。

办公室生活

很多低自尊的人是在工作中展露出自己的才华的。尽管现在某些方面还存在着争议，但在工作中充分施展自己的潜能对于很多人来说确实能带来个人工作效率高的感觉，让他们能够更好地认识自己（这一点常常被人忘记）。约瑟夫·康拉德（Joseph Conrad）说："我喜欢在工作中发现自己，看到自己所想的现实，自己眼中的自己，而不是表面的样子。"要做到这一点，途径有很多，比如通过社会地位（失业者失去了社会地位），加入某个团体（在这个团体中大家彼此欣赏和认可），达成目标（觉得自己办事有效率）及获得经济收入（有能力购买支撑自尊的"义肢"）等。

危险关系

事业与自尊之间的关系有可能复杂化。

工作狂

58岁的雅克是企业老板，一辈子都埋首于工作。他结婚很早，却结束了与妻子15年的婚姻。妻子最初协助他创立了自己的小公司，熬过一个又一个不眠之夜，每个周末加班，度假计划一再拖延。她再也无法忍受，要求雅克放慢发展速度并将权力下放。雅克不明白妻子的用心，反而认为她辜负了自己的信任，无理取闹。当两人的矛盾越来越尖锐，他觉得自己只有在工作中才是快乐的。可惜确实如此。因此他回家越来越晚，有时候甚至在办公室过夜。他喜欢一大早在公司的氛围：和最早上班的工人一起喝咖啡，年轻的下属发现他比自己到得还早时十分惊奇，这让他很得意。现在，再也没有任何家庭的牵绊可以阻挠雅克全身心投入到他最大的骄傲之中：他的公司。

玛丽·弗朗斯是总经理助理，44岁，独身。她的老板要求很高，但对她百分之百信任。她从不拒绝加班，用她的话说，也“从来没有让公司里的任何人失望过”，并强调这是她的骄傲。没人知道她在工作之外还有什么兴趣爱好。最近，她因为生病不得不住院，同事们都来看望和慰问她。但这一次她突然意识到自己孑然一身，无依无靠，因此陷入抑郁，出乎所有人的意料。于是她来找我们咨询，哭着承认：“工作的时候我很开心，其他的时候却很痛苦。”

当一个人事业上的自尊在他的整体自尊中占据的地位过重，以至于成为自尊的首要来源时，他很可能变得完全依赖于工作，仅仅活在工作中。过度地投入工作会给人的心理平衡带来很大危险。

工作出色的代价

在公司里，长期以来大家都认为，事业上的自尊和工作的质与量相关。这种说法混淆了价值与表现（“我是个不错的人，因为我表现出色”），曾在20世纪80年代至90年代很盛行，幸而现在已受到各种批判。这样实际上促使职场人士产生一种极不稳定的自尊，承受不起失败。他们执迷于竞争，一旦遭到解雇就会全面崩溃。

辱虐管理和精神骚扰

工作在一个人的社会地位中越来越重要，而工作机会相对来说越来越稀缺，加之今天的雇员不再像过去那样逆来顺受，不敢吭声（这是对的），因此近来人们越来越关注被英美人称为“mobbing”（围攻，法国人称为“精神骚扰”）的现象。

职场上可能发生各种攻击和骚扰，其主要后果是对受害者的自尊造成重大而持久的打击，目的不一，最常见的是为了逼其就范或辞职，采取间接迂回的方式对受害者的自尊进行毁灭性的打击。总的来说，就是针对受害者，攻击其工作之外的一切举动，令其对自己产生深深的怀疑。

最明显的精神骚扰方式就是“雪藏”某个雇员，把他孤立起来，不给他真正有价值的工作，也不给他任何信息，不通知他参加会议，等等。这种方式并不需要对受害者采取正面攻击，却使其体验到一种抑郁感。渐渐地，受害者会开始怀疑自己，产生负罪感，并贬低自己。

斯科特·亚当斯（Scot Adams）在他的著名漫画《呆伯特》（*Dilbert*）中描绘了这种“辱虐管理”最粗暴也最滑稽的一幕。呆伯特跟同事聊天：

“再次祝贺你，呆伯特。我知道你赢得了临时工的职位。”

“我的办公室在哪儿？”

“在大堂里的那只鞋盒子里。任何一位员工都不会看你一眼或者跟你打招呼。论级别，你大概处于保洁人员和冰箱背后的油污之间。”

如何破坏下属的自尊

管理者的态度	对雇员的自尊产生的影响
反复无常（情绪、对任务完成好坏的评判标准）	持续处于不安定的状态，无法培养较好的自尊
批评永远对人不对事	令员工开始自认为能力不足并把失败看作是自己的错误
出错时立刻大发脾气	使员工认为失败不可挽回
成功时功劳都归自己	使员工怀疑自己的努力是白费工夫
偶尔态度好（和气、鼓励、赞美员工）	引起疑虑（难道我对他的负面评价是错的？）
将管理与情感混为一谈（“你们的工作结果让我非常失望。”）	令员工产生负疚感（都是我的错）
给下属压力（“我把这事交给你”），却不给他们按要求完成任务的必要条件	使员工产生焦虑（我达不到要求）
总是让员工感觉生存岌岌可危（公司、部门或职位可能不保），使员工没有安全感	使员工产生不安全感（我只能任由局势摆布）
时不时给办事得力的人安排一些注定失败的任务	将他们的自尊压制在可控范围内，浇灭他们升职的希望

然而，培养下属的自尊应该是任何团队领袖的目标。自尊提升了，下属的幸福感和表现也会明显提高。某工厂生产车间管理人员告诉我们：“我最关心的就是让跟我一起工作的人自我感觉良好，也就是说，对工作条件满意，觉得自己有能力胜任工作。我特别怕让他们经历失败，或者看到他们被人贬低，即使是被客户，即使是在有所谓正当理由的情况下。我们没有理

由贬低任何人。我这么认为，大概是因为我自己曾经就是个差生！我看重每一名下属，原谅他的所有错误，让他们从中吸取教训：一出现问题，我就会问他们从中学到了什么。我敦促他们尽量培养自己的各种能力：能做大事的人，小事不在话下。

“有的员工能力提升特别大，结果离开我这个部门，去另一个部门工作甚至跳槽去了另一家公司，这很正常。他要是不跳槽我反而会担心。我不希望他们仅仅因为没有能力跳槽而留在我的团队里。我希望，如果他留下来，是真心选择留在这儿。再说了，从长远来看，员工离职也是件好事。所有从我们这儿出去的人在外面都对我们赞不绝口。新晋员工对我们这个团队很向往，要求来我们这儿。我不理解有些同事为什么对效率和权力过于执迷，总是逼着下属苦干，吓唬他们。我们可不是来这儿发泄自己的神经病！”

如何培养下属的自尊

- 促进团队精神，主要通过非正式的聚会、遇到困难时无条件互助等。
- 鼓励员工参加培训和专业技能学习，提高个人能力。
- 定期对员工的表现给予肯定的评价，作为反馈信息。
- 对错误有一定容忍度：“偶尔失败是正常的。我们从这次失败中能吸取什么教训？”

- 鼓励主动性：重要的不只是结果！
- 批评对事不对人。
- 以身作则，给员工树立榜样。

失业与自尊

失业意味着失去很多东西：地位、收入、社会关系，所以会对失业者的心理平衡造成不小打击。很多失业的病人深感痛苦，感觉失去了个人价值。有的人不敢告诉亲友自己失业的事实；有的人避免在上班时间出门，免得被别人看作无所事事的人。“我曾经失业一年半。那是我这辈子最难挨的一段时间。首先，作为失业者我有负疚感，好像失业的责任在我身上。我很看不起自己：我觉得我落到那步田地证明我不如别人聪明能干，他们就有办法做到保住自己的工作。其次，我觉得羞愧。我面对任何人都不自在，担心他们怎么看我，包括邻居、朋友和商贩。怀疑我的妻子和孩子对我的真实看法。”

社会学家皮埃尔 · 布尔迪厄（Pierre Bourdieu）写道：“因为（失业）使未来变得不确定，迫使人不得不对可用的资源进行梳理，使一些人一直隐藏或掩饰的缺失浮出水面。”因此失业等于揭开失业者的伤疤。各种与失业相关的研究结果与考试失败的研究结果相似：失业前的自尊水平可以预测失业后的心态调整是否良好：自尊水平维持不变还是一落千丈。因此，失败对自尊造成的影响因人而异。

其他一些因素也会带来影响，比如这种痛苦的失业经历持续的时间长短和发生的频率高低。1994年一项针对119名失业女性的研究表明：失业时间不超过6个月的女性自尊水平最低，失去工作对人的自尊造成的伤害在这个时间内达到了顶峰。相反，失业时间为6个月至12个月的女性自尊水平最高，也许是因为本人和她身边的朋友在积极奔走，解决困境。最后，失业时间超过12个月的女性自尊水平再次下降，但仍高于失业之初的最低水平，说明失业者对失业这一状态有了较平稳的心态：接受转岗培训，求职的同时投身其他社会活动，等等。这项研究还表明，反复失业对人的自尊水平会产生重大影响。

可叹的是，自尊受到的伤害只会使问题进一步恶化。人越是瞧不起自己，越无法全力投入寻找新的工作机会，在面试中表现得越不好。长期失业者被边缘化并不仅仅是由于他们的能力与劳动力市场需求不匹配，还因为他们越来越不适应，不只不适应工作，也不适应找工作。就业中心的专业辅导人士的作用就在于帮助失业者保护和重建自尊。

失业者自视甚低的感觉并不会在他重新找到工作的那一天立刻烟消云散。作为治疗师，我们见过一些病人，因为失业，心理上留下了很深的“伤疤”。别人看不到，但这种伤痕在他们的意识里变成了一种执念：千万不能再次经历同样的境况。34岁的埃里克经历过两次失业，每次失业长达一年。他说：“我感觉自己有点像那些老兵，带着过去的经历留下的创伤，但我的痛苦无法与别人言说。我目前在通讯领域工作，大部分同事都没有经历过失业，都是刚从有名的工程师学校毕业的年轻人，很有安全感。而我出身于金融界，过去几年银行纷纷大批裁员。我觉得自己没有他们强，更容易被解雇，不仅仅是学历问题，还有我脑子里的恐惧：我害怕冒风险，怕犯错，怕不招人喜欢。而且我害怕被别人看穿，让别人觉得我很脆弱。公司宣扬的精神是‘活力四射的年轻干部向前冲’，可我觉得自己不可能再回到那种状态，公司上下级之间并非等级分明，可是当我的上司要我对他直呼其名的时候，我想起了两年前解雇我、令我崩溃的那些人，他们当时跟我关系也挺好，直到有一天他们打定主意不再需要我。”

正如战争给我们的父辈留下了永久的烙印，失业留下的印记很可能塑造我们这一代的集体无意识。很多“婴儿潮”时出生的人曾听他们焦虑的父母对他们说：“闭嘴，把汤喝掉，等哪天打仗了，你就会后悔今天没喝这碗汤。”他们反过来会不会对自己的孩子说：“闭嘴，好好干活，等哪天失业了……”

权势人物

1837年，年轻的路易·拿破仑·波拿巴（Louis Napoléon Bonaparte），日后的拿破仑三世，曾说：“我信上帝和我自己。”然而他的政治才干并没有获得同时代人的一致肯定。比如梯也尔（法国政治家、历史学家）1848年曾对他做出如下评论：“这只火鸡还以为自己是老鹰。”可这只“火鸡”偏偏推翻了共和国，并在1852年登基成为最后一位法国国王。拿破仑三世的自尊水平很高，跟其他所有掌权的大人物一样。

征服权力的四大关键

大权在握的人有四个特点，这四个特点都与自尊相关：

- 他们相信自己的命运，也就是说他们认为自己有掌权的命。一个人如果并不笃定地相信自己被天降大任，不可能成为掌握大权的男人或女人。
- 他们高瞻远瞩。自尊低的人往往满足于在有限的小范围内成功，而自尊高的人每达成一个目标就会马上展望下一个目标。
- 他们永远会付诸行动。我们每个人都会想象自己能取得某种成功，但行动起来把成功付诸现实专属于那些拥有高自尊的人。
- 他们接受失败。大多数大政治家能够在失败之后东山再起。没有这种与自尊密切相关的本事，就不可能取得胜利。弗朗索瓦·密特朗（François Mitterrand）在1965年和1974年两次竞选中失败，雅克·希拉克（Jacques Chirac）也曾在1981年和1988年两次落败。他们就是两个极好的例子。

掌控权力：一大误会

权力与喜爱

保罗·瓦莱里写道："领袖需要公众。"想掌控权力，其实往往是希望被喜爱。除几个特例之外，大多数政治家寻求的是权力和受人爱戴。因为被人喜爱、欣赏和尊重是对自尊的最佳滋养，即使对身处社会阶层最顶端的领袖来说也是如此。暴君比其他人更爱看到广大百姓夹道欢呼，为他大唱赞歌。可惜，即使在民主社会中，掌握大权者最终也极少能获得爱的回报。相反，他们必须面对来自于反对党、媒体、选民和同党派中的竞争对手的各种攻击。

自尊，政治砝码?

我们以为自尊只跟心理学家有关，而美国加利福尼亚等州的政客们纷纷谈论起了自尊。加利福尼亚州教育部的工作小组在一份相关报告中指出："个人和集体缺乏自尊，是使得我们的国家和民族目前染上种种顽疾的根源之一。"加利福尼亚州的一位议员担忧自尊问题对国家经济和国民心理层面都会造成影响，于是做出了极端的表态："有自尊的人创造收入并依法纳税。没有自尊的人吃补助。"

放弃权力

在成为帝国之前，古罗马只是一个小小的共和国，常常受到邻国的威胁。战争时期，为形势所逼，罗马人会推选一人为独裁官，赋予他全部权力。重归和平时，独裁官必须放弃自己的权力，将权力归还给共和国。不难想象，大权在握的诱惑有多大。凯撒被任命为独裁官，为期一年，结果他把“任期”拉长到了十年，建立了罗马帝国。然而，古罗马还出现过另一位重要人物：辛辛纳图斯[1]。他原本是个耕夫，在同胞的请求之下领兵迎战从东边进犯罗马的意大利埃魁人。战胜之后，他毫不恋栈，辞官归田。两千年后，又出现了一个放弃权力的名人：奥地利皇帝、西班牙国王查理五世（Charles Quint）。57岁时，他决定退位，归隐西班牙尤斯特（Yuste）修道院，从此一心祷告，别无旁骛。

无疑，权力是滋长自尊、使其膨胀的毒品，甚至使政客们以为自己“不可被取代”。这就是为什么近两届的法国总统发展出一种奇怪的套路：竞选时总是提到五年计划，一旦当选就再也不提，然后再参加第二次竞选。

自视甚高，对权力紧抓不放，这在诸多名人临死前留下的“警句”中屡见不鲜。尼禄皇帝被罗马元老院废黜后，挥刀自

1 辛辛纳图斯（Cincinnatus，前519-前430），古罗马共和国时期的英雄。——译者注

刎时说道："艺术家如我，世间不再有。"自负的丹东在断头台上对奉命处决他的刽子手说："别忘了举起我的头让民众好好瞻仰，这样的头颅不是他们每天都能有幸见到的。"

自尊的矛盾

保罗·瓦莱里在哲学散文《与泰斯特先生夜叙》(*La Soirée avec Monsieur Teste*)中，用叙述者的口吻说道："我深思过，最强大的头脑、最聪颖的发明家、掌握思维精髓的人可能根本不为人所知，他们吝啬小气，到死都守口如瓶。他们的存在恰恰是由那些不如他们踏实却极为活跃的人展现在我眼前的。"

很多作家都表达过如下观点：人之所以追逐成功、权力和世人的认可，是因为他怀疑自己。真正自信的人不会寻求权力和荣耀，而是选择幸福。公元前四世纪时的希腊作家色诺芬(Xénophon)也是这么认为，他借笔下的英雄居鲁士(Cyrus)之口说："没错，因为我已经成就了大事，没办法再好好对待自己或跟朋友一起愉快地消遣，这种幸福我已自愿放弃。"

因此，自尊对我们生活的方方面面都有影响，有好有坏。自尊不能解释一切现象，但可以廓清人的很多行为动机，以及某些行为偏差，且听下一章分解。

第七章

自尊和自我形象

啊，看到镜子里的自己如此美丽，我不禁狂喜……

——浮士德《珠宝之歌》(*Air des bijoux*)

夏尔·古诺(Charles Gounod)

Estime de soi ou image de soi

一位29岁的女病人说："有时候早上起来我甚至无法注视镜子里自己的脸，穿哪件衣服都不合适，觉得自己太难看，打心底里感觉糟糕透顶。这种日子事事不顺心，哪怕白马王子匍匐在我脚下，我也觉得自己又丑又蠢，会恶狠狠地把他气走。"

外表长相对自尊心的影响极大，可以让人对自己信心十足，也能让人信心不足，为什么？男人和女人一样看重自己的外表吗？

为什么女孩会自信不足？

弗洛尔和表弟路易一起坐在电脑前。弗洛尔的爸爸用电脑给他俩展示一种新游戏，爸爸问："谁想玩？"弗洛尔眼睛发亮，但她不作声，用手肘推了推她的表弟。路易毫不犹豫地自告奋勇，结果第一盘就一败涂地。轮到弗洛尔，她却不愿意，扭扭捏捏。后来她向爸爸承认："我怕玩不好，我想你先玩一遍给我看。"其实她比表弟年纪大，肯定不会比表弟表现得差，甚至会玩得更好。

弗洛尔对自己没有信心，而路易太过自信——这两种行为都很"正常"，研究表明：从儿童时期开始，男孩的平均自信水平就高于女孩，这种情况非常普遍，男孩往往比女孩更高估自己的能力。也许可以解释为什么男孩往往敢于进行体能上难度大的运动（容易摔胳膊断腿的运动）和人际关系上风险度高的事情（对抗和竞争），女孩则更注重交际、尊重和社会规则的推广。然而我们目前尚不清楚女孩怀疑自己是因为她们比男孩生更倾向于从众，还是因为她们的自尊水平低于男孩，所以不得不遵守规则。女孩既不比男孩笨，也不比男孩丑。

不过，社会环境很可能在其中起到一定作用。父母确实会更鼓励儿子维护自己的权利，肯定自己的个性，对女儿则不这么鼓励：女孩可以比较腼腆，男孩则不行。反过来，他们鼓励女儿乖巧听话爱漂亮——这些行为都不利于培养稳定的高自尊。

那么，女孩的自尊也许是某一特定时期社会机制的反映？上述提到的数据实际上是20世纪50年代到目前为止各种研究的结论。未来若干年内，关于自尊的研究结果可能出现变化。

今天社会已经见证了各种翻天覆地的变化，这些关于男女对比的研究报告很可能低估了这些变化。女权运动的兴盛，社会中取得高位的女性日渐增多，很可能改变两性在自尊方面的差异。

社会学家认为这些变化可能会越来越突出，在现代社会，强壮的体格慢慢失去了用处，典型的阳刚形象已经过时，两性的自尊水平有没有可能趋于平衡？很有可能。但女性必须先解决下列几个问题。

女性的完美身体

“我小时候只有兄弟，现在当爸爸了，有两个女儿。我每天送她们去学校，渐渐发现了我成年之后才开始熟悉的女性世界是如何形成的。最让我印象深刻的是，从幼儿园开始，四岁的小女孩便十分注重“造型”，有些小女孩就是她母亲的翻版，穿着一样的厚底休闲运动鞋、一样的荧光色羽绒服，感觉母女俩都一大早起床梳妆打扮才出门。我甚至见过一个小女孩一把推开她的‘男朋友’——同班的小男生，因为他亲吻她的时候用力过猛，把她的发型弄乱了。四岁就这么爱漂亮，不知道14岁的时候会是什么样。”

悲惨的青春期少女

今天，60%的少女声称自己太胖，仅有20%对自己的身材满意。14岁的女生中有1/3已经试过节食，年龄在14岁至23岁之间的女孩自尊水平呈下降趋势，而同年龄段的男孩自尊水平呈上升趋势。为什么？一项关于青少年对自己外表的满意度调查可以对这个问题提供解答：从一定年龄（大概八岁左右）开始，女孩儿对自己的满意度迅速下跌，而男孩儿对自己外表的满意度维持不变。女孩的相貌并不比男孩差，所以原因并不在于外貌的变化而在于个体对自己的看法。而这种看法在很大程度上取决于社会环境对其所造成的压力。一个人认为自己是什么样和他认为自己应该是什么样之间如果存在巨大差异，其自尊水平将直线下降。有些女性甚至一辈子受困于此。

学龄男生和女生自我形象的变化

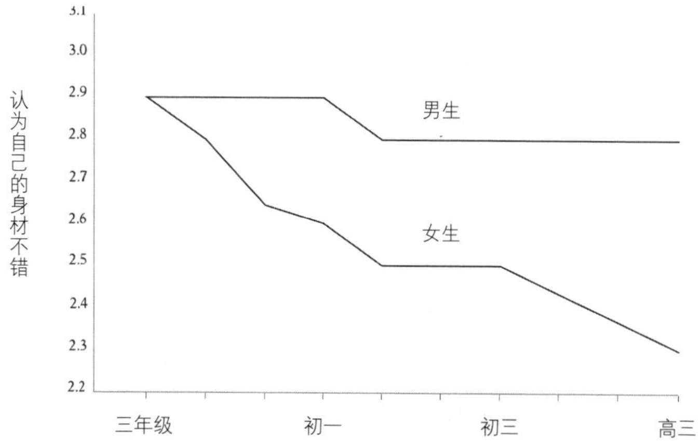

（来源：S. Harter，in R. F. Baumeister）

体重问题

女性如何看待自己的身材？研究发现，大部分女性对自己身材的评价较差。实际上，她们错了。如果你问她们理想的体重是多少，她们的答案总是比她们的体重轻很多。如果问她们认为男性眼中理想的女性身材是什么样，她们的答案往往与男性的答案差距不小：男性眼中理想的女性身材丰满得多。

女性对自己身材的看法

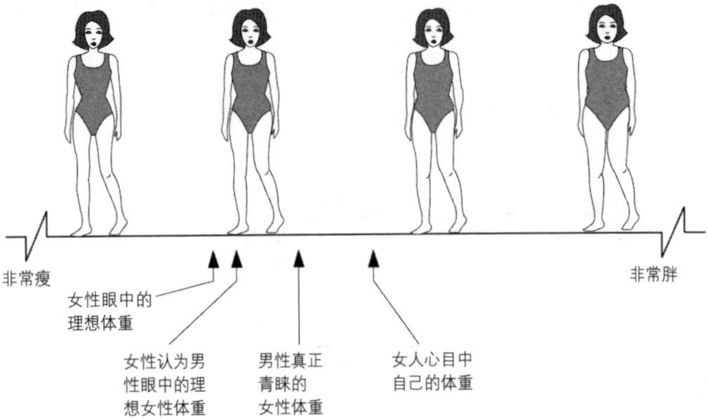

男人对自己的看法则没有这样的偏差。当被问到自己的理想体重或者他们认为女性心目中男人的理想体重是多少时，答案基本一致：他们觉得自己目前的体重很理想，并觉得女人对他们的体重也满意。不过，我们在下文中会看到男人在其他方面有一些困扰。

模特与舞蹈演员

据说温莎公爵夫人有这样一句名言："人不嫌瘦，钱不嫌多。"换句话说：对身材的担忧永无终结之日。

今天，女性在外表方面承受着巨大的文化压力。在时尚和广告业的大肆宣传之下，随处可见身材无可挑剔的完美女性模特，因此纤瘦成了女性的执念和美的标准。若干年来，舞蹈演员的身材演变正是这种潜移默化的压力的一大体现。谁还记得，歌剧女歌唱家的身材曾经都非常丰满，天生适合唱歌但不适宜节食？从玛利亚·卡拉斯（Maria Callas）开始，现代女歌唱家都得拥有跟她们所扮演的角色一样的身材，也就是弱不禁风的年轻女孩的身材。在某些音乐爱好者看来，她们的外形是更美了，音色和演唱却没能跟上。

饮食问题

西方社会里人们饮食方面的问题越来越多，急剧增加，也是这种持续存在的社会压力的表现之一。而这些饮食行为紊乱与自尊问题密切相关。比如研究表明，低自尊的人往往爱吃零食或暴饮暴食，我们还知道自我怀疑会导致暴食症，有时候病情极为严重。

布里吉特 · 琼斯的单身日记

对外表打扮的极度关注已成为女性杂志文章的经典主题。春季伊始，这些杂志的封面便充斥着各种节食瘦身的标题。教女性减肥的书籍大行其道，极为畅销。这种现象在小说里得到了充分的体现。海伦 · 菲尔丁（Helan Fielding）在她有趣的小说《布里吉特 · 琼斯的单身日记》（*Journal de Bridget Jones*）里描述了一名感情生活空虚孤独的年轻女人过分紧张自己的身材：

12月4号，星期一，58.5 kg（圣诞节之前必须瘦下来。）

1月3号，星期二，59 kg（快要肥死啦。为什么？为什么？）

1月4号，星期三，59.5 kg（紧急状态：一定是过节的时候吸收的油脂正慢慢释放出来。）

1月8号，星期日，58公斤（太棒了。可是有什么用呢？）

2月6号，星期一，56.8 kg（我的体内有什么东西融化了，不得而知。）

男人的自恋

不要过度关注自己

对自己的外表过度关注可能会影响你的自尊。你还记得上一次听到自己说话的声音（录音或电话答录机里留下的声音）

吗？你觉得这个声音好听吗？你很可能觉得不好听。研究人员确实发现，参加实验的被试者听到自己被录下来的声音后自尊水平有所下降，变得不太自信，很可能无法正确地按要求完成一件事。

录像实验的结果相同。实验中，将被试者本人的影像在电视屏幕上实时播放，结果很多被试者变得更容易被他人的意见所左右。这种感受每个人可能都有过，在视频当中看到自己的脸，绝大多数情况下，人们的第一反应（表露或隐藏）都是失望："我就长这个样儿？别人眼中的我就是这个样子吗？这个怪怪的声音就是我的声音？"对那些最脆弱、最不自信的人来说，这简直太可怕了！他们很可能再也不愿意拍照或录像。

那喀索斯与弗兰肯斯坦

尽管人们常常批评女人对自己的形象太过注意，史上关于自我形象的两大著名神话的主人公却是男性。

那喀索斯是一位俊美的年轻男子，所有的水妖都为他神魂颠倒，可是那喀索斯从来不理会她们。水妖们于是向涅墨西斯告状，女神便诅咒了那喀索斯："让他也坠入爱河，但永远不能得到他心爱的人。"那喀索斯在泉水旁望见自己的倒影时立即爱上了自己的影子，最终因为废寝忘食地端详美丽的影子而活活饿死。这个神话的寓意再明白不过：自恋是没有出路的困境。精神分析用"那喀索斯神话"来定义"沉溺于自我形象的自恋”。

弗兰肯斯坦博士制造出来的无名怪物的命运截然相反：起初他善良、多愁善感，人类对他的控制和攻击使他渐渐地怨毒和绝望。于是他要求自己的创造者为他制造了一个跟他一样的伴侣，给他苦难的命运带来一点安慰。“我要你替我制造一个女怪物，她必须跟我一样丑陋。当然，这只能算是小小的安慰，但这是我唯一可以要求的，我会感到满足。我跟她定会成为一对怪物伴侣，与世隔绝，这只会让我们更加相依为命。”怪物的自尊因为外表丑陋被社会拒绝而受到严重伤害，他认为只有伴侣关系才能修复他的自尊。

告诉我你的大小（身高），我就能判断你的价值

传统来讲，男人没有女人那么重视美貌或身材（但这很可能发生变化），但男人对自己的体貌还是一直很关注，尤其是关注尺寸大小。

小男孩之间经常互相比生殖器的大小，这个话题在媒体上一度属于禁忌，现在却已悄然占据了各大男性杂志的头条。此事关乎他们的性能力，不仅仅是西方男性关心的问题，少数民族精神治疗师很熟悉库鲁病（kuru），远东地区的男性很担心自己的生殖器会缩进肚子里。在极端焦虑惊恐的时候，病人会想尽办法阻止生殖器收缩。

男人最担心的是身高问题。如果觉得自己太矮，男人会很

痛苦。是否记得童年时我们想“长高(大)”?大部分人的幻想里,个子高意味着能力强。所以人们往往会高估那些身居高位或者社会地位较高的人的身高。比如,美国总统的身高被美国民众高估了平均7.6厘米。我们在街上或飞机上遇见一位名人,我们会很惊讶,对方突然一下变矮了(比我们想象中的矮)。

萨特的自尊

萨特在讲述自己早年的经历时曾说,他小时候很受宠(家里人都叫他“上天的礼物”),后来随着年龄的增长,他逐渐遭受了现实的打击(显然他算不上“漂亮的男孩”)。

比如,他写道,当他发现自己并非世界的中心,他无比痛苦:“我体会到了女演员人老珠黄时的痛苦:发现别人比自己更讨人喜欢。”萨特还曾谈起祖父瞒着他母亲让他去剪头发,他终于意识到了自己相貌丑陋:“母亲把自己锁在屋里放声大哭。剪发之前,漂亮的英式卷发长及耳际,为我遮丑,母亲就可以逃避我长得丑这个事实。”最后,他写到了在镜子面前度过的日日夜夜:“镜子对我来说是救星,它的使命便是告诉我我是一个怪物。”萨特对一般只有女性才关注的外表问题格外敏感,也许是因为他母亲长期将他打扮成女孩(这种做法在当时的中产阶级家庭中屡见不鲜,男孩七岁之前一直被留着卷卷的长发)。

男性例外的终结?

另一些作家，比如罗伯特·穆齐尔（Robert Musil）在《没有个性的人》（*l'Homme sans qualités*）中写道：“今天这个时代，人们依然留恋镜子里的影子，依旧关注身高和发型。”那么，萨特大概算是现在这场深度运动的先驱了吧？

男性的身体在广告中越来越常见：香水、护肤品、时装，等等。男人们今天被各种身材完美无瑕的男性形象（肌肉发达、肤色健康、肢体柔软而又光滑）轮番轰炸，跟女人一样感受到巨大的社会压力，只不过晚了30年。这一切给那些腹部渐凸、没时间或不愿意每周去几次健身馆举重或美黑的世纪末居家男人带来了诸多烦恼。

美貌带来的社会优势和弊端

对心理治疗师来说，病人抱怨自己外表丑陋的时候很难处理，尤其是在病人确实长相不佳的情况下，更是棘手。如何迅速回应才能既不欺骗又不空洞？大概就是因为这个原因，心理治疗师不做出回应，反过来也开始深思。以下节选自一位病人写给我们的信：

“我知道我很丑。我一直心知肚明。小时候我的相貌就不可爱。我很早就意识到了：别的小孩总是对我直言不讳。可我始终假装没听见他们说的话。母亲在学校门口接我的时候听到各种笑我丑的冷嘲热讽，也是假装充耳不闻。她肯定也很难过，但是她选择从来不跟我谈起这事，所以我也采取了这种态度，对这个问题缄口不言。有一天，某位看穿我的痛苦的女老师试着跟我谈谈，我一个字都没有说，但我心里想：终于有个人明白我。她看到了我的悲伤，但她始终不敢跟我提起。这是我最悲伤的童年记忆，比嘲笑更令我悲伤：无力握住那只伸过来的援手。丑陋的外表长期地折磨着我，我渐渐习惯了，但旁人的一点点刺激都会加剧我的痛苦：一句话、一个注视、一丝嘲笑。这成了一座牢笼、一种甩不掉的烦恼：总是注意别人的一举一动，猜测他们是不是在议论……，最主要的是绝口不提，内心却悲伤不已。渐渐习惯了被人嫌弃冷落，习惯了成为受害者、配角……长大以后更坚信多说、倾诉都无用：会对身边的人造成很大压力，他们马上选择撒谎，为了摆脱自己的尴尬，用几句‘内在美’之类的陈词滥调随口敷衍，全是些毫无用处的废话。丑陋是最恶劣的缺陷：人可以改变自私，正视恐惧，可体貌天生如此，怎么改？我常常梦想活在一个盲眼的世界里，那么外表就无足轻重了……”

为什么身材相貌在自尊中占据重要地位？原因可能很简单：在所有滋养自尊的个人能力当中，外表是最直接的，完全与外部条件无关。要展现学习能力，必须通过考试；要表现运动能力，必须参加比赛；要体现自己遵循规范，必须有外部群体发现并赞扬其行为。美貌这一点，任何时候都不证自明。也许正是因为这个原因，美貌一直被视为神祇的特质之一：神和天使首先是美的，然后才是善的。

侏儒与公主

诗人和小说家对因意识到自己相貌丑陋而备受煎熬的人描写颇多。王尔德的一则童话讲述了一个被召入西班牙王宫给小公主当弄臣的小侏儒的故事。当小侏儒第一次在镜子里看见自己的样子，此前一直未曾意识到自己的外表如何，他突然发现自己丑得令人生厌：

“真相终于大白了，他发出一声绝望的号叫，呜咽着倒在地上。这么说，那个畸形驼背、极其难看的怪物就是他，他自己就是那个怪物。他一直是所有孩子的笑料。他原以为小公主爱他，其实她也仅仅是在嘲笑他的丑陋，嘲弄他扭曲的四肢。为什么他们不让他一直留在森林里呢？那里没有镜子，没有人会告诉他真相。为什么他父亲当时不把他杀了而是把他卖来被人羞辱？”

美貌、财富和名气……

塞尔吉·甘斯布（Serge Gainsbourg）承认自己受相貌问题困扰，曾在歌里唱道：“丑人有看不见的美。”莎士比亚则认为

“美在欣赏者眼中”。名言如许，可惜美并非只存在于脑中。大量研究表明，长得美的人会得到更多的关注。

美貌的优势

以长得好看的小孩为例，把他交给一个父母之外的成年人。这个成年人仅仅因为孩子长得好看就会对他的小过错更为容忍，并且会给他更多鼓励！在社会中也是如此，好看的小孩更容易得到原谅，长得难看的小孩会遭受更多的不公。儒勒·列那尔在他的自传式代表作《胡萝卜须》(*Poil de carotte*)里描述了一个红发小男孩不幸的童年，母亲觉得他长得难看，明显偏爱两个哥哥。小萝卜皮有一天忧伤地说：“不是所有人都能成为孤儿……”偏爱美貌的不仅是成年人，小学里最受欢迎的孩子往往也是长相最受同学喜爱的孩子。小学生们很容易欺负那些有体貌缺陷的孩子，或是那些具有某种被群体看不起的特点的孩子：戴眼镜、头发颜色另类、有口音、穿着不好等。

一直以来，童话故事里的好坏角色极为分明：英雄个个美貌，坏人个个丑陋。个别童话给了长相难看的孩子一丝希望，指出丑的可能蜕变成美的：《美女与野兽》、《一簇发里盖》(*Riquet à la houppe*)、《丑小鸭》，等等。但不管怎样，好心的主人公最终都会有好报，得到终极满足：美貌。据我们所知，没有哪一个童话的结局是：他们幸福地生活着，尽管主人公外表很丑。所以说童话故事的寓意并不模棱两可，它们告诉孩子长得美比长得丑好。必须承认，现代的一些童话故事对丑有了更多的宽容，比如，在《杰拉尔妲的巨人》（*Le Géant de zéralda*）中，汤米·温格尔（Tomi Ungerer）描写了一个年轻女子最终嫁给长相不太好看但心地善良可爱的巨人，但首先，她帮巨人刮掉了难看的大胡子。

再来看看成年人的世界。这里的情况如出一辙：相貌堂堂的成年人在旁人眼里更可信。很多研究发现，人们仅仅因为一个人外貌出众就会在心里给他安上各种优点。比如，我们给若干女大学生一篇短篇小说，称这篇小说是某个年轻女子的作品，并给她们一张“作者”的照片。一半人拿到的照片上是个年轻漂亮的女孩，另一半人拿到的照片上是个相貌平平的女孩。同一部“作品”，“作者”如果是漂亮女孩，她获得的评价明显高于长相一般的女孩。而且作品水平越低，这种评价差异越明显。作品水平不错的情况下，作者的相貌对评价影响不大。给初出茅庐的新手作家们一个建议：如果你不确定自己的作品是惊世杰作，在琢磨自己文笔的同时也打磨一下自己的外表。

美貌甚至可以吸金。一个针对7000多名被试者的调查研究表明，能力水平相等的情况下，相貌出众者的薪酬略高于相貌普通的人，但后者跟相貌丑陋的人比起来，薪资还是稍高一些。在性别、年龄和种族歧视之外又多了一种歧视。美貌的优势如此惊人，以至于很多人不愿承认。也许出于羞耻心或是虚伪，超模们和她们的雇方喜欢解释说，这些年轻女孩工作辛苦，特别努力，说真正的美来自于内心，说她们个性如何丰富迷人，诸如此类。似乎承认超模收入极高纯粹是因为长得美会遭人反感，大概难以被人接受。

你觉得泄气了？放心，美貌的人也会有点小烦恼。

美人亦不易

你知道吗，人们很容易给外表漂亮的人安上一些莫须有的恶念。比如，他们往往认为长得漂亮的人更容易不忠于婚姻，比长相平庸的人更容易离婚。

触犯法律的时候，如果是诈骗罪，长得好看的人会获得更重的刑罚：很可能，在这种情况下，法官认为（不无道理）罪犯利用了自己的美貌作为诈骗武器。反过来，如果受害人并没有受骗，比如偷窃和暴力犯罪，法官量刑可能更轻：罪犯的美貌会激发恻隐之心（“一个长相漂亮的人不会是彻头彻尾的坏人”）。

注意不要过于漂亮：要享受美貌带来的好处，最重要的是你的光芒不能完全压倒周围的人。美貌的优势主要适用于中上之姿者，因为他们让其他人觉得自己尚有可能望其项背。如果你的美貌程度大大超过其他人，很可能使他们在一旁自惭形秽，反而会不利于你。

仪表好的人能获得异性的偏爱，相反会受到同性的排斥。这种嫉妒在男性和女性当中都存在。

俊男美女们，请记住美貌带来的性吸引力并非永恒，每次争吵之后，人们一般会觉得对方不如以前那么好看了。

美貌有什么用?

上述研究表明，我们不能对外表问题嗤之以鼻。对，美貌在人群中不是平均分布的。没错，美貌确实会给拥有它的人带来一些好处。不，美不仅仅存在于人的脑子里。

演化心理学家认为，一种经历千万年的考验留存下来的心理或生理特点对个体或物种来说是有用处的。美貌在演化过程中的优势是什么？无疑，美貌能使人更容易找到性伴侣，因此它对女性来说更重要，因为女性在求爱仪式中的主要武器是吸引力。美貌也让个体更容易被同类接受。

造型、时尚和自尊

穿着：胡诌和打扮

苏菲，28岁，她的衣柜里装满了一次都没有穿过的衣服。玛嘉丽，五岁，每天早上在装衣服的抽屉前犹豫很久，不知道穿什么。父母担心送她上学迟到而催促她，她就会焦躁起来：

“我不想穿得像个难看的巫婆！”

服装的功用早已不只是御寒或蔽体，而是自尊的义肢或遮羞布。

当你买下一件特别适合你的好衣服，你感觉怎样？肯定是自我感觉良好。你的自尊因此更提升了。当然，这持续不了多久，但你在自己心目中的形象变得更好了，感觉飘飘然，短则几小时，长则几天。在西方国家，改善自我形象最快最简单的办法往往就是买衣服。

假如人们都没有太大的自尊问题，时尚是否还会存在？对美的需求和改变的乐趣是否足以支撑整个时尚业持续运转？我们很怀疑。不然如何解释各种“时尚大牌”的成功？一件衣服只要贴上了某品牌的标签就卖得很贵。曾经，时尚是胸前的一只小鳄鱼，后来变成了马球手，但不久又会变成另一种，因为时尚受害者（fashion victims）唯一关心的就是紧盯潮流和商店橱窗，及时把握风向，目的是抢在所有人前面穿上即将流行的潮款，尤其不能在所有人都跟风的时候继续穿同一款。

人们为何又如何追逐时尚潮流？

不是所有人都追随潮流，跟随流行的方式并不随意，也不随心所欲。

对一部分人来说，时尚，特别是当他超前于流行的时候，可以使他的自尊得到提升。他们的目标是将自己跟别人区别开来，最早掌握最新潮的穿衣打扮方式，作为时尚先驱，他们自觉地位不一般，乐意迎接那些打扮仍旧老式的“大众”投来的诧异和批评的目光。他们不仅不觉得被人瞧不起，还颇为得意。

对其他人来说，追随潮流是一种防止自尊水平降低的办法。他们的动机不是提高自信，而是避免丧失自信。他们只会在某种潮流已经蔚然成风时跟随大流，为了不因打扮过时而得到别人的负面评价。

当然，到了“所有人开始这么穿”的阶段，创新者们早就抛弃了这种时尚，因为它已经不能再给他们增添自信了。

为什么你的自尊会促使你买下过于新潮的衣服却从来不穿?

如何解释有些低自尊的人买来买去总是买回穿不出去的衣服？比如前边提到的苏菲。

这事得分成两个阶段来看：

首先，在商场里，迫于环境压力，苏菲选择了售货员推荐的衣服。在商店这个不真实的小环境里，她的打扮跟其他人一模一样：售货员、其他客人、宣传海报上比真人美得多的模特都这么穿。

然后，一回到家，苏菲不再处于那个虚拟的世界，回到了自己的真实世界。她在楼梯间遇到了楼下的邻居，她知道，一过完周末这两天自己就得回去上班，那条非常“时尚”、让她变得跟商店里所有人一样时髦的裙子很可能会使她在常混迹的人群中显得过分惹眼。一想到邻居和同事看到自己时的表情，她便不敢穿上那件衣服，最终把它束之高阁。

试衣间的考验

试衣间“暴露了购物的女人内心的小纠结与大焦虑”，是对自尊进行大调整的最佳舞台。试衣间其实是理想的自我形象（对自己穿上某件衣服的样子的想象）与真实的自我形象（穿上之后自己在自己眼中、特别是售货小姐眼中的样子）的相逢。有个电台节目在某大商场的试衣间外进行采访，女性顾客的回答揭示出了她们的心态：“今天诸事不顺，我觉得这条半裙好看，可穿上之后就不喜欢了”，“我不喜欢这样直接面对现实”，加上一句犀利的评语：“所有这些，都是脑子里的想象，是吧，一到镜子面前……”

可以设计一个关于自尊水平的调查问卷，请女性顾客在进试衣间之前和出来之后回答同样的问题。服装设计师有兴趣不妨一试。

时尚潮流与少数小众

某些边缘群体会发展出自己的时尚潮流。20世纪70年代的朋克现象就是一个很好的例子。朋克们拒绝所谓“好品位”的条条框框，选择了比邋遢还另类的装扮。然而朋克式装扮渐渐地也越来越讲究，与“主流”时尚一样束缚颇多。一位心理治疗师在柏林读大学时曾与朋克族打过一些交道，他们花在化妆打扮上的时间基本上和时装秀上惊人炫目的装扮所耗费的时间差不多：将头发竖成刺猬状，用剃须泡沫与啤酒的混合物修整发端，在衣服上精心装饰大大小小的安全别针，假装随意地撕出很多破洞。其实，这个群体中自尊水平最低的那些人在出门去集会的路上特别局促不安：下班高峰时，一身朋克打扮坐在郊区公共汽车上可不是一件易事。

该责怪形象产业吗？

对美的永恒追求

对美的追求自然是永恒的。人自古以来便注重修饰外表，有时甚至到了危害自己健康的地步：古代的女人曾用铅白（碱式碳酸铅）来涂脸，使肤色变白，铅白实际上是一种剧毒。中国上流阶层的女人裹小脚，令脚变形，因为小脚是美女的标准之一。还有非洲某些族群的“长脖子女人”。后两者残害女性身体，使其丧失行动能力，对女性的健康和独立自主造成危害。

说到女性美的典范对身材的要求，某些时代对丰满的女人来说还比较仁慈：为了安慰胖女人，我们常常举出史前文化和非洲文化对大臀女人的崇拜或鲁本斯画中的丰满美人为例。但她们反驳说，这一切毕竟离我们的时代太远。也许从来没有一个时代像现在这样给女性如此大的压力，令她们拼命想接近最美的标准身材。以青春期少女苗条身材为美的西方审美日渐全球化，这局面看起来暂时无法逆转，加之市场营销和广告策划者将这种美的标准奉为圭臬，其影响更是越来越大。

恶的延伸

外表方面的社会压力在以往的时代里确实没有今天这么大，原因有如下几点：

- 从前的人没有太多的机会看到理想化的完美模特：在媒体时代到来之前，一个男人眼中美的典范就是他身边最漂亮的那个女孩的样子，而这个女孩的长相不会跟集中了大部分人口的乡村地区的其他女孩相差太大。今天，每个男人每天至少数次面对全世界最美的女孩的形象，广告牌上，杂志里，电视广告里。而且，今天的世界人口大部分居住在大城市里，遇见美丽的陌生女子的机会比过去高得多。想要与配偶长相厮守，达尔文的建议是隐居乡间。
- 从前人们选择配偶时外表并不像现在这么重要。过去的婚姻大多数属于包办，相邻相识的家庭之间结为亲家或为了共同利益联姻。对于个体来说这不一定是件好事，但这种做法限制了审美对配偶选择的影响：长相不美的男人和女人也能成家。

▶ 社会规范底线的存在：小孩上学要求穿罩衫，禁止暴露身体，往往用宽大的服装掩盖身体曲线。这是些社会规范——尽管最初目的并非保护个体的自尊——却最终缩小了个体之间身体外表上的差异。

▶ 社会对美采取相对（也许有益？）的虚伪态度：主流话语的说法是有些价值比外表更重要。

▶ 今天情况彻底变了，原因恰恰相反：我们活在一个处处充斥着令人气闷的完美形象的时代，社会群体不再像以前那样虚伪掩饰（至少在美这个问题上），越来越公开地推崇美。人类想变得更美，显然这并没有什么不当。这股风愈演愈烈，因其隐含的巨大商机而被利用。针对人们爱美心理的广告起初仅限于用来遮蔽身体的时尚服装。今天，广告直接瞄准身体，主要是美容、整容等行业。有些广告变得越来越公开地利用人的负疚感。某连锁健身中心的广告宣传毫不掩饰地用以下广告语："永别了，松垮的屁股"、"燃烧多余的脂肪"、"再见，难看的肚腩"。对那些"臀部松垮"的女性来说，这种令其自惭形秽的广告满天飞，会对她的自尊造成什么影响？另一种现象是：女性杂志以往定期在头条做瘦身和节食的专题，现在则增加了整形手术的内容。哪天会出现克隆美容？

魔镜，我漂亮的魔镜

如今镜子在我们日常生活环境中无处不在：家中的浴室和衣帽间，商店、楼宇的大堂，健身房、私家车的后视镜。每一天，我们在镜子中看到几十次自己的形象。以前可不是这样：实际上，直到17世纪，镜子还非常稀有。凡尔赛宫的镜厅在当时是非同一般的权势与财力的象征，自然彰显了其主人路易十四超高的自尊。而镜子的广泛普及到19世纪才慢慢开始。从此，镜子成了我们熟悉又亲密的朋友。这种无处不在的镜中形象，加上照片和视频，使日益增大的身材压力又放大了多少？肯定不少！

我们是芭比娃娃的玩具吗？

1959年，美国美泰玩具公司推出了著名的芭比娃娃。多年之后，芭比娃娃的创造者露丝·汉德尔（Ruth Handler）谈到这个产品的问世时说：“此前没有人赋予玩具娃娃如此女性化的身材。”

自问世以来，全世界共卖出超过10亿个芭比娃娃。因为芭比不过是一个玩具，它的畅销就毫无负面影响吗？芭比娃娃所传达的完美女性形象难道没有害处？如果我们把芭比娃娃的身材比例换算成成年女性的身材，结果是1.77米的身高，三围为85–46–73！根本不符合正常人类的身体结构。这些数字给一代又一代小女孩一种错误的完美身材观念，当这些小女孩在青春期发胖时自尊会因此大受打击。

这就是为什么美国的女权主义运动早就把芭比娃娃作为抗议的靶子，曾经要求商家给芭比娃娃的包装加上以下提示："注意：大部分女性不会长成芭比娃娃这个模样。如不向小女孩传达这一信息，会对她们造成严重身心障碍。"当玩具公司推出会说话的芭比娃娃用尖细做作的声音说"数学好难哦"时，曾掀起轩然大波，遭到女权主义者的猛烈抨击。给小女孩规定的发展道路就是：拼命照着不可能实现的完美女人形象打扮自己，并早早认定自己没能力进行"高难度"的学习。想提高自尊，芭比可不是最好的选择。

关于芭比娃娃，最令人忧心的一点是，它不再是接近青春期的少女的玩具，很多四岁左右的小女孩都想要芭比娃娃。这些过早接触芭比娃娃的小女孩将来会是什么样？

《古墓丽影》的罗拉与芭比娃娃：换汤不换药？

有的女性形象尽管表面看起来比芭比娃娃更"女权"，实际上却拥有同样不可能的完美身材。

罗拉·卡芙特是知名电脑游戏《古墓丽影》中的女主角，面容娇好，少女式的苗条身材，略有一点军装色彩的超短裤凸显出修长的双腿，胸部不仅超丰满，还完全不受地心引力的影响，无论罗拉为了突出重围和打败对手如何竭力跳跃或奔跑都巍然不动。

想一想，这样一位女英雄会对处于性敏感期、在电脑游戏中度过数百小时的小男孩和少年心目中的理想女性形象产生什么样的影响？对那些同样喜欢这个游戏的女孩心目中女性身材的形象又会造成什么影响？

物极必反？

上文所说的这一切似乎很令人担心，但是调节机制往往会自发开始起作用。比如芭比，小女孩越早接触这个玩具娃娃，就会越快抛弃它。妈妈们经常告诉我们，女儿到了17岁便会把自己的芭比扔给妹妹。美泰玩具公司1997年调整芭比娃娃的外形，使之更接近真实女性的身材比例（但也不是随便哪个普通女人的身材）。可能是他们在鼓吹了太令人气闷、不可能实现的完美身材标准之后出于愧疚之心的一时冲动吧。

不少与外表相关的行业确实已经意识到他们对美的强调有些过火。20世纪90年代中期以来，出现了一些不符合常规审美标准的模特，她们的面孔具有强烈的个性，比如美国品牌卡尔文·克莱因（Calvin Klein）的形象代言人凯特·莫斯（Kate Moss）的脸。1998年秋季，英国服装设计师麦昆（CMCQueen）让一位双腿被截肢的年轻女性为其走秀。同年，意大利服装品牌贝纳通使用了一系列身患残疾的年轻人的照片作宣传照，以此心理攻势吸引消费者购买他们的产品。1996

年，法国服装设计师戈蒂耶（Jean-Paul Gaultier）在服装秀中启用了一群优雅的祖母级模特儿。这些服饰品牌仿佛在对消费者发出心灵鸡汤式的信号：我们认识到，为了推销产品，我们曾过度地使用超乎完美的偶像。看，现在那些跟美毫无关系的人也能买我们的产品，无论年老、破相或是残疾。所以，如果您既不美也不丑，您也可以。

其他商家采取了更极端的手段。比如英国化妆护肤品公司美体小铺（The Body Shop）1998年设计的全球广告宣传活动就是以自尊为主题。为了区别于竞争对手的广告词，该品牌直接控诉与身体形象相关的产业："23年前，模特儿的体重比女性平均体重轻8%。今天，这一差值是23%。"他们指责其他广告恶意利用女性在情感方面的挫败感："我瘦了40公斤，终于找到了爱情。"他们在自己的店铺张贴露比（Ruby）娃娃的宣传照，胖胖的露比相当于反芭比，代表全世界普通女性的"中等"形象："全世界只有八个超模，剩下的30亿女性都不是超模。"最后他们还不忘讽刺美容化妆品产业的心灵鸡汤广告语："难道一罐面霜才能给你自尊？"

无论这一品牌的广告宣传方式是出自真心实意还是精明算计，它都确实具有很重要的意义：首个美容护肤品牌拒绝使用惯用的"越来越美，越来越瘦"的完美宣传语。美体小铺的创始人兼总裁安妮塔·罗迪克（Anita Rodick）1998年接受女性杂志《嘉人》（*Marie · Claire*）采访时说："我竭力想找到一种'真诚的美’的概念。”大概是一种可以包容世界上如此多种不同外形特点的美的概念吧。同样，法国政治家常常批判“单一思维”，也许有一天我们可以批判一下“单一美”的观念。

日益专断的时尚暴君第一次表现出了退让，这种情况会不会持续？或者，只不过是暂时出于营销策略考虑，让市场和消费者稍稍喘息一下而已？需要等几年才能知道。但是，在此期间，我们难道不应该对这些以我们的身体为商机的产业多几分警惕、多一些要求吗？我们的社会难道不应该想办法鼓励人们通过其他途径来提升自尊和对他人的尊重，而不是通过追求符合统一标准的外表美？

第八章

理论

Théories

我们在对自恋的探索中获得了有限的发现，

但大部分依然未知。

——弗朗索瓦·德·拉罗什富科

（François De La Rochefoucauld）

对于研究人员来说，自尊问题还是一片广阔的有待开垦的领域，目前尚未出现完整的理论体系。前人的研究方法丰富多样，不易摸清门道。接下来我们带领你了解一下目前通用的四大理论，唯一的目的就是帮助你认识自尊。

学会管理自己的渴望

詹姆斯的方程式

威廉·詹姆斯（Willian James）是现代科学心理学的奠基人之一，也是最早研究自尊问题的先驱之一。这位美国医生兼哲学家发现一个人的客观品质与其对自己的满意程度之间不存在直接关系，为此感到十分惊诧，他曾写道："因此，一个能力极其有限的人可以非常自负，坚定不移地相信自己。而另一个人尽管人生成功并获得他人的普遍尊重，却始终对自己的能力心存怀疑。"于是他理所当然地得出结论：对自己满意或不满并不仅仅取决于成功，还取决于我们判断成功的标准，他将这一结论简化为如下方程式：

$$\text{自尊}=\frac{\text{成功}}{\text{自我要求}}$$

换言之，我们获得的成功越多，自尊水平也就越高，但前提条件是我们对自己的要求不能过高。举一个例子，你高考取得较好的成绩，这算是"成功"。如果你只盼望过关就好，这个成绩当然完全令你满意。但是如果你对自己要求高，想考第一名，同样的成绩却会令你大失所望。在前一种情况下，自尊水平上升；在后一种情况下，自尊水平下降。

因此，过高的自我要求会妨碍自尊提升到较好水平。诺贝尔文学奖获得者海明威在名满天下、到达人生辉煌顶点时曾称："重要的不是我已经写出来的文字，而是我本可以写出来的。"不久后便自杀。有些人天资好、运气极佳，偏偏对自己还不满意，可以用这种理论来解释。另外还有一些病人的痛苦也是如此：很多天生腼腆的人对自己的社交表现要求完美（我得讨好所有人，不惹恼任何人，问什么都能答上来，应答敏捷），这令他们的自尊时刻处在压力之下。

反过来，有些人的生活有时候在别人眼里看来境遇不佳，他们却是心理稳定而幸福，部分原因大概是他们能满足于自己所拥有的。幸福往往是个人视角问题，也与自尊密切相关：自尊水平越高，对自己的生活越感觉满意。

成功与放弃

詹姆斯的公式不仅可以解释刚刚提到的自尊水平问题，还可以解释自尊的发展变化。

从一个成功到另一个成功

五岁的蒂奥第一次成功地抛开辅助轮骑自行车。他很明显地感到十分骄傲，要全家人都来欣赏他骑自行车的风采。几个星期后，尽管他还是能“像大孩子一样”骑自行车，但他的自尊水平已经回落：他的目标不再是不用辅助轮骑自行车，而是骑得跟哥哥雷米一样快。再过一段时间他的目标可能会变成大撒把骑自行车。

我们都有过这种体会：初次成功之后，我们的自尊水平大涨，感觉非常开心。接下来一次次的成功让我们越来越习以为常，再也没有第一次成功时那样强烈的激动心情，而且它们再也“哄骗”不了我们的自尊心：此时，成功在我们看来差不多是稀松平常的事情。成功能给自尊提供重要的滋养，并不在于提高自尊水平，而在于将其维持在较好水平。想再次使自尊水平大幅提高，我们就得提高自我要求，追求更大的成功，或是在其他领域取得胜利。

懂得放弃

调低对自己的要求也是对付成功越来越少、自尊日趋降低这种问题的有效办法。老年人就是一个极好的例子。若想快乐地老去，与年轻人正相反，我们得逐步降低自我要求，至少在某些方面降低一点，比如体能方面。年龄渐长却不服老，硬要维持运动员身材的话会很痛苦，因为肯定做不到。詹姆斯就说过：“彻底放弃年轻外表和苗条身材的那一天将是多么轻松愉快啊！”王尔德显然做不到如此超脱，他说：“年老体衰的最大悲剧是人老心不老。”

说到底，这个关于自尊的算式主要意义在于提醒人们学会调整自己的期望值。我们得在好高骛远和懒散懈怠之间找到平衡点，前者使我们永远无法对自己取得的成果满意（永远想着更高更多更远），后者则令我们一达到目标就很快固步自封（容易满足）。

冒不冒风险，是个问题……

有一些心理学家思考，是否可以将理财投资的策略与培养自尊的策略相提并论？他们认为，人在幼年时获得的爱可以算作一种资本，供我们后续利用。

在金融投资领域，大投资者掌握着金额巨大的初始资本，会将一部分资金投入到有一定风险但收益很高的投资产品中，比如股票。只要他们够现实，最终会赚到钱，而且越滚越多。他们不怕在个别投资项目上失利，因为不管怎样他们其他投资项目上还有收益，足够收回资本。而那些一辈子不太富裕、好不容易存下一点钱的人，特别害怕未经过深思熟虑就冒险投资，害怕失去自己仅有的一点积蓄。所以他们非常谨慎地投资，主要把钱放在有保障的投资产品里，比如储蓄账户。因此，他们的收益与风险相当——极小。

把这个投资模式挪到自尊上来，主要能帮助我们理解高自尊的人和低自尊的人为什么会采取不同策略。我们已经知道，前者对人生的态度比较主动：他们愿意冒险、积极出手，所以得到更多回报，提升了自尊水平。后者则谨小慎微：他们不愿冒险，只有在有保障和可预见的前提下才肯冒险，这使他们少有机会提升自尊水平。

自尊的投资模式

- 自尊需要定期再投资，才能不贬值。
- 收益与风险成正比。
- 初始资本越大，越容易决定冒险。

这个模式看似不公平，就像有钱人越来越有钱，一开始就自视较高的人往往比别人更容易拥有较好的自尊水平。其实它最重要的作用并不在于此，请记住，任何资本都会日渐消耗，需要定期投资：如果没有持续主动的投入，我们的自尊终会逐渐变得脆弱。

镜像自我

一位年轻的女病人说：“永远都没法确切知道别人怎么看待我们。很可惜，不然可以让我们了解到很多东西。有时候，我很想知道别人对我的真实看法，就能确认我对自己的想法有没有道理。比如，我很想参加自己的葬礼，听听别人离开时到底说些什么。这甚至给我带来最大的快乐——当我知道自己留给别人好印象的时候，或者使我颇不愉快——当我发现对方看不起我的时候。”

这段话提醒我们，人从来不会凭空做出自我评判。自尊不仅是个人的自我评估，也是对别人的评估的预期或估计。有些人把这个称为“镜像自我”（looking glass self）。

从批评到赞许

我们有时候想说服自己，别人的意见跟我们无关，但是说实话，我们对批评真的如此毫不在意吗？当然不是。无论批评从何而来，即使没有太多道理，一点点负面评价都会在我们身上引发痛苦的情感反应。这种评判，我们一开始觉得它是对的。接着，通过仔细分析，我们才能摆脱这个评论，要么对其进行反击（“不，我仔细反思过了，我不同意这个说法”），要么与对方拉开距离，减弱其重要性（“这个人我根本不在意，所以我也不在意他的看法”）。这个过程对不同的人来说难度不一样。对那些通常具有较高自尊的人来说，批评只是带来暂时的不快；可是，对其他人来说，批评往往会引发情绪崩溃。

批评很常见，赞许也是，这是开心的事。有人对一群大学本科的女学生做过一次实验，研究人员以总结评估为借口，让一位漂亮的女研究生（更加令她们崇拜不已）对她们进行提问，请她们描述自己的优点和缺点。漂亮女研究生对其中半数女生表达肯定和鼓励，在她们阐述自己的优点之后表示赞同（“同意，我也这么认为”），在她们说完自己的缺点之后表示不赞同（“嗯，我觉得并不是很明显”）。相反，对另一半女生的陈述，她完全不予评论。结果，面谈之后再进行自尊水平评估时，研究者发现前一半女生的自尊水平显著上升且持续好几个小时。无论你的自尊水平如何，社会赞许都对你有益；区别就在于这个效果的持续时间：假如自尊水平低，很快又重新怀疑自己，从积极正面信息中获得的益处很可能转瞬即逝。

自尊测量计还是社会关系测量计?

从以上结论出发，有的研究者毫不犹豫地断定自尊是一种“社会关系测量计”，如同气压计能够测量气压，预报风雨和晴天的几率有多高，自尊能反映我们对自己受欢迎程度的直觉判断，我们对自己感到满意，因为感觉自己以这种或那种方式获得了别人的欣赏。反过来，我们自尊水平降低，因为不再觉得自己被其他人欣赏。

作为社会关系测量计的自尊

- 一切提高社会接受度的东西都会（小幅）提高自尊水平。
- 一切降低社会接受度的东西都会（大幅）降低自尊水平。

可惜的是，社会关系测量计存在形式上的问题，比如它倾向于过度提示自尊水平下降，自尊水平上升时反应却不明显。因为自尊对否定的敏感度高于对赞许的敏感度。比如一位病人曾说：“我的自尊？当我听到一句赞美，加一分，当我听到一句批评，减十分。”另一位病人说：“感觉自己被一个群体接受也只能让我安心一阵子；而每次觉得自己被人排斥都会自信坍塌，根本无法相提并论。比如，被邀请参加一个派对，我会觉得高兴，但我不会高兴过头，跟别人办派对而我没被邀请参加的极度难过心情相比，强烈程度相差千百倍。为什么这样？也许是我需要感觉别人时时刻刻都喜欢我，我是个不可或缺的人。”

有实验证明了这一点。一些志愿者被分配一项任务，部分人与一个小组一同完成，部分人独立完成。研究人员让一部分志愿者以为加入小组集体完成或独立完成任务是集体意志选择的结果（“你被这一小组的成员选中与他们一起完成这项任务”或者“这个小组的成员拒绝和你一起，所以你需要独立完成这项任务”）。其他志愿者则被告知是随意分配，通过抽签决定一些人加入小组，另一些人独立完成。结果，研究人员发现，如果告诉被试者加入小组或独立完成是偶然的结果，被试者的自尊不会受到影响。相反，如果被试者以为分配是由小组成员决定的，被选入小组只会使其自尊水平略有提高，而被小组拒绝则会对自尊水平造成严重打击。

自尊与自我肯定

自尊水平低的人往往不敢明确表达自己的意见：说不（拒绝）、当对方与自己意见相左时说出自己的看法，等等。来听听40岁的店主阿兰怎么说：

“我并不是很腼腆，比如，我会认识一些新朋友，跟他们相识挺开心的，也会试着与他们常往来。让我觉得难办的是不得不反对对方或跟他的意见不同：我特别不会拒绝别人，当我不想做某件事，往往要纠结好几个小时才敢说出来。别人也曾向我指出，在讨论问题的时候，我永远同意所有人的所有意见。我从来不反对任何人的意见。对这一点，我自己已经意识不到了。不管怎样，通过心理治疗，我明白了这两件事都与同一个问题有关：我从来不想与人发生冲突。我知道我不能继续忍下去，别人的意见对我来说过分重要，我是个‘寄生依赖者’，心理治疗师告诉我的。”

所以有必要练习以下几种肯定自我的方法，通过习题和角色扮演游戏，像阿兰这一类病人可以学会肯定和平静地维护自己的观点。

别人怎么做我就怎么做

请仔细观察下图，您觉得哪根线段与参考线段长度最接近？

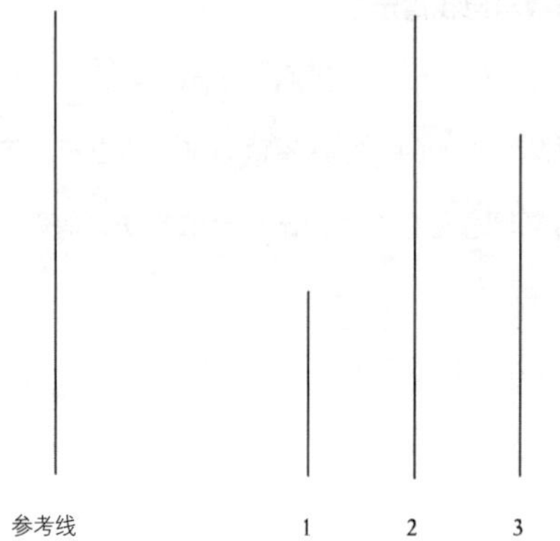

您一定会回答线段2(这答案没错)。很明显，对吗？然而，如果您参加了以下这个著名的心理学实验的话，可能不会给出同样的答案。

在这项实验中，研究人员要求被试者判断跟上图相同的若干线段的长度。当他们独立完成测试的时候，不到千分之一的人回答错误，绝大多数人认为线段2是正确答案。相反，当被试者被安排与其他人(这些人实际上是研究人员故意安排的)一起进行测试，问题就变得复杂了。在前两次测试中，安插的干扰者表现正常，也就是说他们给出合理正确的答案。在第三次测试中，他们都故意选择线段1或线段3(抢在被试者前回答)。被试者此时表现出紧张和为难，其中三分之二的人最终选择与其他人一致的答案——错误答案。

这种从众行为的主要原因可能是害怕被其他人排斥，也就是上文所讨论的：这种担心促使很多被试者选择“别人怎么做我就怎么做”。这种害怕与自尊联系紧密。后来研究人员又进行了一次类似的实验，修改了部分变量，结果证明，从众行为在自尊水平较低的情况下会更明显：如果被试者被安排到一个令其局促不安、自觉能力不足的环境下（比如与其他特别自信或明显很熟悉心理实验室的志愿者一起），他们会更加尊重集体的意见（比如向他们介绍其他小组成员时，把这些人描述成专家或高年级的学生），他们会更倾向于选择错误答案。

这个实验的教训是什么？每次在某个集体当中进行决策时都要谨慎分析自己的选择，尤其是集体成员让你觉得胆怯局促或怀疑自己时，你的自尊水平越低，就会表现得越合群，有时候会影响到最简单的常理判断。

从容忍到种族歧视

当我们在实验中降低被试者的自尊——故意让他们完成所谓简单任务时失败或者让他们想到自己可能死亡，我们发现他们会变得更容易批评别人，对违法行为和侵犯自己文化群体的行为很不容忍。

同类的实验使被试者更容易发表很有种族歧视色彩的言论。

自尊水平的降低可能不是引发种族歧视或不宽容行为的唯一原因，但是，只要某种意识形态故意创造相应条件，肯定能促使此类行为发生。

是否应该模仿榜样？

今天是圣诞前夜，七岁的保罗打上了领带，跟爸爸一起到办公室上班。爸爸在整理文件，保罗在电脑上“工作”。他的打扮和在办公室里见到的所有成年人一样，“像大人一样”，为此他感到异常自豪。他非常崇拜自己的父亲，在这个冬季的下午，他感觉自己差不多可以跟爸爸平起平坐了。他的自尊心得到了提升：他模仿自己的榜样（爸爸），进一步接近了自己的理想（成为大人）。

1892年，威廉·詹姆斯重申，一个人的理想会影响他对自己的看法。他说：“一个人会因为自己不过是世界排名第二的拳击手而羞惭得无地自容，他赢过了第一名之外的所有人，但这对他来讲没有意义。在他眼里，他自己仿佛不存在。相反，一个谁也打不过的骨瘦如柴的恶男却根本不为自己的弱点感到害臊，因为他早就放弃了‘在这块儿发大财’的念头——借用商家的说法。不尝试就不会失败，不失败就没有遭受羞辱之虞。于是，在这个世界上，我们完全按照我们想成为的样子或想要达成的目标来评价自己。”换句话说，自尊取决于在我们眼中我们的行为与理想之间的距离：接近自己的理想时自尊水平偏高，远离自己的理想时自尊水平偏低。

邋遢先生与整洁先生

下面这个实验中的被试者是寻找暑期工的大学生。在面试时研究人员让学生坐在一个房间里填写各种表格（其中包括一个自尊水平的问卷调查）。过了一会儿，一个被故意安插的人进入房间，坐在桌旁填写同样的问卷。

半数被试者（随机选取）遇见的这个人整洁干净，打开装有笔记本电脑的公文包，包里还有哲学书和其他象征学识素养的物品。他就是研究人员安插的“整洁先生”。相反，剩下的被试者遇见的是“邋遢先生”，衣冠不整、胡子拉碴，懒洋洋地趴在桌子上，旁边还放着一本不入流的色情小说。

在“邋遢先生”和“整洁先生”出现之后，研究人员让大学生再次填写表格，其中还是有一份自尊水平问卷调查。比较前后两次问卷调查填写的结果是：“整洁先生”提醒人们自己距离社会精英的理想还差得很远，令被试者的自尊水平直线下降，而“邋遢先生”让人觉得其实自己并不是很糟糕，自尊水平明显上升。

榜样与反榜样

人生中极少有人能达到自己的全部理想，但某些人有时候会被我们视为榜样。与这样的榜样交往肯定会让人受益，只要我们与他们之间不存在竞争关系。通过模仿他们的全部或部分能力（“我也是可以像他一样试试”），我们能提高自己的才干和自尊。这种学习大多基于模仿。

“反榜样”也能帮助我们提升自我感觉，一位女病人告诉我们，反榜样教给我们什么不该做：“我多年来一直生我母亲的气，她令我很恼火，我觉得她很不成熟。实际上，我以前对她很失望，她不是我想要的那种模范母亲，童年时她偶尔有点母亲的样子，大部分时候都不像个母亲。真正问题在于，这种感觉很自私，当我想到‘我是她的女儿，我肯定跟她有那么几分相似’就有点看不起自己。后来我明白了，母亲永远不会变，只有我自己改变才行。所以，我开始试着多欣赏她的优点，对她的缺点多一点宽容：当她做了一件让我生气的事，我不会发脾气，而是问问自己有时候是否也会犯这种错，然后尽量改正。” 从前，我们对反榜样的评判仅仅是为了让自己得到心理安慰！我们周遭的人在某些方面看起来不如我们，得出这种结论（或对或错）是一种提升自尊水平的实验性手段。正如常言道：“比上不足，比下有余。”

对于自尊来说，最理想的方式是培养出两种视角：往下看让自己安心，往上看激励自己努力。也是因为这个原因，有一些体育项目会将选手分成不同的等级来进行比赛，这样可以让每一个人都品尝到胜利的滋味，同时偶尔能感受失败带来的益处，给自尊进行微调。

当理想变成陷阱

理想是我们前进的动力，但有时候理想会变成陷阱，精神科医师称之为“理想病”。正常与病态之间的分界线是什么？当我们的理想与榜样变得过于刻板、要求过高，理想就成了一种病。精神分析师因此提出“理想自我”的概念，指一心想接近自己理想的意志所塑造出来的让人无法摆脱的愿景。

理想与自尊

正常理想	病态理想
我希望……	我非得……不可
非理想化的理想：“如果做到了当然好，但那样也不能保证解决一切问题。”	理想化的理想：“等我做到了，一切都会好得不得了。”
可以接受达到部分目标：“我能得到我想要的一部分东西。”	要么是得到全部，要么什么都没有：“我必须得到我想要的一切。”
如果没有实现理想：失望，但自尊能够从打击中恢复过来	如果没有实现理想：抑郁，自尊遭受持久的伤害

所以一切都取决于“我希望”和“我非得……不可”之间的不同心态。希望成为兽医，我会尽一切努力实现我的目标，能接受从事另一个职业的可能，比如发现专业学习对自己来说太难，或者发现自己其实并不喜欢这个职业。如果我非成为兽医不可，因为家里祖祖辈辈都从事这行。如果我没能实现这个目标，我的自尊就会受到严重打击。为了避免这种痛苦，我很可能会发狂似的做出无谓的牺牲。

斯科特·菲茨杰拉德在《了不起的盖茨比》中讲述了20世纪初一位神秘而优雅的美国百万富翁杰伊·盖茨比的故事。盖茨比本是美国中西部一个贫困农夫的儿子，物质上的渴望使他得以跻身富豪之列，但情感上理想的破灭——他一心想娶南部富家女黛西为妻，而黛西已经嫁给傲慢的世家子弟——最终导致了他的悲剧死亡。为了征服黛西的心，盖茨比拼命炫富，令绝大多数出身比他好的邻居嫉恨不已，他不过是发了财的暴发户，不像他们是继承家产。

要想治好过度的理想病，最好的办法是不实现它。王尔德说："人生有两大悲剧——得不到自己想要的和得到了。"摆脱理想的支配并非易事，主要因为理想有时候是对自尊在儿童时期受到伤害的一种补偿：童年时不被父亲看重的感觉会促使他长大后变成拼命工作、一心想成功的商人。认识到自己的理想是什么（有时连我们自己都不曾清楚地意识到），往往是让自己降低目标的第一步，这是很多心理治疗的目标。

第三部分

如何维护和修补自尊

第九章

自尊方面的疾病

Les maladies de l'estime de soi

> 我不知道还有谁比我更无用，更一无是处。
>
> ——乔兰

一位女病人告诉我们："我的问题就是我一点都看不起自己，不喜欢我自己，这让我感觉抑郁。我不信任自己让我有心理障碍。我不尊重自己，不会把任何好建议付诸实践。不顺的时候，我不想付出哪怕一点点努力来摆脱困境。相反，我发现我会满足于自怨自艾。所谓顺利的时候，我坚信一定好景不长，如果不做出点实实在在的事，一定是个错误，像是对未来根本没有信心。生活中的方方面面都是如此，抑郁症、焦虑、酗酒，这些和其他所有的一切都是因为我不爱自己。"

很多心理问题与自尊相关，自尊可能引发各种心理失调（比如各种情结），或令情绪持续紊乱（比如抑郁症），或导致病人面对社会评判时感到极为羞愧（比如酗酒）。

抑郁症

我看不起自己：是不是得了抑郁症？

面对人生的考验，每个人都有发生抑郁的可能。这个可能性的大小是否与自尊水平的高低相关？哪种人的风险最大？说起来，一种是稳定型低自尊的人，长期心态消极，也不努力摆脱困境，导致他们罹患抑郁症的风险极大。另一种是不稳定型高自尊的人，因为他们总是在努力维持自己的地位和形象，面对失败和别人的排斥时十分脆弱，有时候会令他们心力交瘁。

抑郁症与低自尊的区别

低自尊	抑郁症
持续状态	与之前的状态不一样，有变化
人格特点	疾病
精神脆弱（锯齿状心率模式），对有利形势无反应	病态的哀伤：持续而强
行动力障碍：没有自信、一再拖延、不满意	极度无力采取行动： 没有欲望，没有快乐，不堪忍受
没有特殊的生理问题	生理问题： 没有胃口、失眠、行动缓慢、虚弱
难以让别人看重自己，倾向于顺从	自己贬低自己， 没有真正来由的负罪感
没有死亡和自杀的想法	有时候想到死亡和自杀
没有智力方面的问题（或者仅仅是病人主观认为有问题）： 注意力和记忆力正常	智力方面客观存在可测量的问题： 注意力和记忆力出现问题

当然，低自尊，尤其是持续稳定的低自尊，与抑郁症非常接近。但这两者之间存在的最大的差异就在于抑郁症是一种疾病，而低自尊只是一种心理特征。

尽管如此，虽有差别，但两者往往关系密切。低自尊其实是所有抑郁症的共同症状。美国作家威廉·斯泰伦(William Styron)（1925—2006，美国作家、散文家）饱受严重抑郁症的折磨，曾在《面对黑暗》(*Face aux ténèbres*)中很好地解释了两者之间的关系："抑郁症的表现多样，包括生理的和心理的，其中最为普遍常见的症状就是憎恨自己，或者说得婉转一点——缺乏自爱，随着境况的恶化，愈发觉得自己是无用的废物，感觉不堪忍受。"

风险因素之一

青少年时期的低自尊有可能导致成年时罹患抑郁症。孕妇的社会地位和自尊水平较高时，产后得抑郁症的风险会低很多。一项针对638名孕妇的研究表明，自尊低的孕妇患上产后抑郁症的风险高很多。

在部分情况下，患抑郁症的风险有可能遗传。抑郁的母亲往往会向孩子传达更多的负面信息（悲观或批评）。因此，她们的孩子的自尊水平低于那些父母未曾患过抑郁症的孩子。反过来，较高的自尊水平在生活中遇到逆境（比如父母离婚）时能起到保护作用。

症状加重且长期持续的标准

患上抑郁症之后，自尊水平下降越大，病情越严重，如果没有得到恰当治疗会长期持续。如果病人不爱自己，不行动，认为自己永远不可能恢复如初，他就会充满负面情绪，极少得到鼓励、肯定，需要担忧的问题太多。有研究证明，患轻度抑郁的人仍想寻求他人的肯定和看重——至少在他们平时擅长的领域中，而在其他领域，他们“喜欢”得到负面评价。不管怎样，如果抑郁症患者仍能关注来自别人的正面评价，这是个好现象。

导致抑郁复发的因素

今天，抑郁症被视为一种容易复发的疾病，经历过抑郁的人在一段时间内会比较脆弱。第一次病愈之后，如果病人的自尊依然处在低水平，就算表面看起来已经好转，复发的可能性仍然很大。

从自尊降低到抑郁症

自尊降低从什么时候开始演变成抑郁？这中间既有量变（病人精神痛苦程度以及行动力丧失的严重程度）又有质变（厌恶自己，甚至想自杀）。

有研究人员试图通过实验弄清楚是不是某些特定事件更容易引起抑郁症复发。实际上，对不同的病人来说，引发抑郁的事件并不完全一样。抑郁症心理治疗领域的知名作者阿朗·贝克(Aaron T. Beck，美国精神病学专家)曾提出以下假说：有两种类型的人格在生活中遇到某些事件时容易发生抑郁：社会奖赏型人格和自主型人格(见下表)。

抑郁症风险较高的人格

	社会奖赏型	自主型
定义	有很强烈的获得他人关注和鼓励的需求	有达到目标、不受他人控制或阻拦的需求
促发抑郁事件	感觉自己被人批评，被人排斥	遭受失败，受制于他人
对自尊的影响	怀疑自己被他人接受的程度	怀疑自己控制局面的能力

可以想象，当这些容易患病的人在生活上遇到令人郁闷的事件，自尊水平首先受到影响。我们前面已经知道社会接受度(感觉自己受人喜爱)以及有效、自由行动的能力(感觉自己能力足)是自尊的两大基石。

治疗恰当的话，今天大部分抑郁症都能逐渐痊愈。医生开出适当的抗抑郁药物对抑郁发作的病人疗效很好。但是多项研究似乎指出，在药物治疗的同时接受相应心理治疗的抑郁症病人，其复发比例比仅用药物治疗的病人低。是否因为心理治疗能使抑郁症病人提高自我效能感和自尊水平？有可能，但目前尚未被证实。不过，越来越多的精神科医生团队开始关注抑郁症病人的自尊问题。

自尊偏差

躁狂抑郁症患者的过度自我膨胀

前文谈到“抑郁症”，其实说“各种抑郁情绪类疾病”才更准确，因为抑郁情绪病有很多种不同形式。其中一种叫躁狂抑郁症，又称“双相情绪障碍”，因为病人情绪呈现两种极端：有时候病人出现典型的抑郁症症状，有时候又表现为躁狂症，自我膨胀，狂妄自大。在两种症状发作的间隙期，病人行为表现正常。

美国精神科医生凯·雷德菲尔德·杰米森在自传中以惊人的笔调描述了自己亲身经历的双相情绪障碍：“躁狂发作时，感觉非常奇妙。各种念头和情绪像流星一般迅速划过脑际，追逐那一颗颗流星，又一次次放手，还会找到更璀璨的星星。腼腆不见了，该说的、该做的都手到擒来。内心很笃定地知道自己能牢牢吸引别人的注意力……浑身上下有一种驾轻就熟、强烈、充满力量、幸福、充实和欣喜的感觉，深入骨髓。”可以想象，这样一种极不寻常的超高自尊会使病人以为自己全能，令其失去现实感。可叹的是，躁狂发作过程很短，接下来必定出现抑郁发作，躁狂情绪越强烈，抑郁情绪越严重。

躁狂症精神科疾病诊断的几个标准

- 自尊水平升高、妄自尊大。
- 睡眠时间缩短。
- 想不停地说话。
- 过度沉溺于愉快的活动中，但这些活动可能会招致损失（冲动购物、随意艳遇、不合理的商业投资等）。

为什么会出现躁狂发作？原因尚不清楚。似乎有理由相信某些生理现象与躁狂症有关。精神分析师们也提出了以下这个有趣的假说：躁狂状态可能是病人在无意识地对抗抑郁倾向，躁狂发作可能代表病人在绝望地反抗越来越强烈的抑郁情绪。

不管怎样，用锂盐和其他情绪调节药物治疗，可以使病人的症状得到显著的改善。我们非常惊讶地发现，很多躁狂抑郁症病人有时候会怀念躁狂发作时的某些感觉，因为躁狂发作时自我感觉特别良好。杰米森说："如果让我选择，我常常自问是否愿意维持躁狂抑郁的状态。如果得不到锂盐，或者锂盐对我不起作用，回答是绝对不——出于对躁狂抑郁发作的恐惧。但锂盐对我很有效，所以我有思考这个问题的余地。奇怪的是，我觉得我可能会选择不治好躁狂抑郁症……"

患者在躁狂发作时体会到完满之感和完美无缺的自尊也许可以解释他的这种矛盾心情?

自恋者过高的自尊

自恋型人格——另一种心理失调——的特点是坚信自己比其他人优越。自恋者的自尊水平显得特别高，甚至过高，因为他们一点儿也不谦逊，往往招致身边人的反感。

自恋型人格精神科疾病诊断的几个标准

- 过度夸大自己的重要性。自恋者高估自己的成就和能力，未有所成就便期待别人承认自己才能出众。
- 幻想无限的成功、权力和荣誉。
- 自恋型人格认为自己非常特别、独一无二。在他眼里，只有高层次的机构和个人才能认可和理解他。
- 极度渴望受人赞赏钦佩。
- 一切都是他该得的。
- 态度及行为傲慢、高高在上。

我们常常想，这些自恋者的自尊水平可能并非真的过高。这种人中有不少总想抬高自己，这种想法实际上反映了一种害怕被人轻视的世界观："如果不被人赞赏，我就没有价值"或者"如果我不奋力争取别人的承认，别人就永远看不见我的能力"。自恋行为实际上反映出自恋者对自己的价值有一种不安全感。目前尚没有针对自恋起因的研究。有可能源于自恋者父母给予其的一种过度肯定又不负责任的教育方式，正如一位女性如下所述。她的父母是做电影的，本身也是自恋型人格。

"从小到大，我听到的都是这些话：'你值得拥有最好的''你可不能跟那些平庸之辈来往'。同时，我的父母忙于事业，根本不管我们。我们只能偶尔见到他们，很明显地感觉他们事务缠身，我们几个孩子只不过是其中一桩。

"对自己的怀疑，我到现在都记得很清楚。关于父母的怀疑：'我值得他们爱吗？'关于学习的怀疑：'我能学好这门新的课程吗？'关于友情的怀疑：'和我玩得好的女孩子会不会有一天因为我的性格不好弃我而去？'我怀疑一切，但我总是反复压抑这种焦虑。后来，我患上了湿疹、失眠、哮喘……这一切都是为了吸引父母的关心，但他们只是满足于让保姆带我去看最著名的专科医生。

"在大人眼里我是个非常聪明出众的孩子，我意识到当我刻意表现的时候，父母会引以为傲。所以我总是一副小明星的样子。我也看出来了，他们喜欢看我这样，因为他们觉得在我身上看到了他们自己的影子。

"问题是，我渐渐地对这一切习以为常，根本意识不到存在的问题。直到去年前夫跟我闹离婚时毫不留情地指责我，还有做这个心理治疗，我才认识到自己的问题。”

帮助自恋型人格者改变，对治疗师和自恋者本人来说都是一个大工程，得分好几个步骤：意识到问题的存在，有改变的愿望，放弃控制与自吹自擂的态度。治疗师要起到的作用（表面看来）是降低而不是提高病人的自尊水平，在一般心理治疗中，这种情况极少。实际上，治疗的目标是增强其自尊，使其更稳定，不再过度贪求或依赖尊重和地位的证明。

情结

一名女病人说：“当我被邀请去参加一个派对，我得提前很长时间做准备，非常焦虑紧张。我非常仔细地化妆，掩盖皮肤上的瑕疵。一般要花上一个多小时，不能有任何人打扰。参加晚会的时候，我必须去好几次洗手间确认我的妆容没有花掉。但我不想让别人发现。我总是试着在别人的目光中读出他们对我的脸的看法，生怕他们看出我脸上的痘痘和痘疤。

“如果有位男士向我献殷勤，我会非常紧张。我害怕他盯着我看的时候会发现妆容下掩盖的缺陷。所以，我就会故意显得不讨人喜欢，这个时候我通常不得不离开派对，无法继续忍受下去。独自回家后，我便松了一口气。但是当我意识到自己整晚就提心吊胆担心这个，又感觉极其郁闷。

“少数几次我硬逼着自己喝了点酒，才能不老想着这事。可是酒让我全身发热，我觉得加重了我的皮肤问题。我怕喝多了以后变成酒糟鼻。那就糟糕透顶了！”

从情结到躯体变形障碍

“情结”这个词并非严格意义上的精神疾病诊断结果。实际上，当病人向我们诉说他们的“情结”时，他们坚信自己有某种身体缺陷（鼻子的大小或形状、胸部、个子太高或太矮、体重、皮肤等）或者其他缺陷（口吃、口音、文化、学历等）。他们把自己在生活中遭遇的种种困难都归结于这些缺陷（“我得不到爱情是因为我长了个奇怪的鼻子”“我得不到提拔是因为我个子太矮”，诸如此类）。同时，他们认为这种臆想的缺陷一消失，自己的人生就能得到很大改善（“假如没有这么难看的鼻子，我就会一切顺利”）；旁人怎么说他们都不肯相信，哪怕只有他自己一个人觉得他有缺陷（“他们说的都不对，他们是没意识到”）；总是不停照着镜子或想办法修饰和掩盖自己的缺陷或臆想的缺陷。他们的自尊水平极低，感觉自己整体低人一等。

这种情结经常来源于一种相对的事实：这人的鼻子确实有点长或个子确实比同龄人矮。但是，具有这种情结的主要标志是对于这个缺陷过分重视，把它当成一切的重心。这一点在那些爱脸红的病人身上特别明显。一个激动时容易脸红的人和一个赧颜恐怖症患者（害怕脸红的人）之间的区别在于，后者把脸红变成了一种情结，而前者觉得脸红挺让人烦恼，但不至于像天塌下来那么可怕。

最严重的情结应该是精神科医生所说的躯体变形障碍，患者害怕自己身体变形。这种变形往往是病人臆想出来的，然而心理上的痛苦却是真实存在的。躯体变形障碍是一种令人失去行动力的精神疾病，与强迫症可能属于同一类。患者总是不停地想着自己的样貌，无法摆脱这些念头，导致他们反复检查自己的外表。

一个年轻女子坚信自己面目可憎，她说："我最大的愿望就是变成隐形人，谁都看不见我有多丑。我最大的恐惧是别人觉得我太难看，嘲笑我。"像其他得了这种病的人一样，这位年轻女子花很多时间不停地照镜子，被人注视的时候感到极度的尴尬，避免参加大多数社交活动。

如何摆脱情结

目前精神科医生和心理学家对情结的研究还比较少，大概是因为受情结之苦的人往往不愿声张：那些有情结问题的人通常默默忍受，极少与旁人谈及，甚至不对医生或治疗师提起。他们会找皮肤科医生、整形医师和美容师。可惜如果是严重的情结问题，找这些人往往徒劳无功：就算进行了整形手术，问题还是没有解决。新整出来的鼻子并不是他想要的样子，或者整容痕迹太明显。情结仍然存在——针对身体的同一部分或其他部分。

对那些坚信自己的想法有根有据，“问题并不仅仅在脑子里”的病人进行心理治疗并非易事。在治疗过程中有时候会看到，病人自己的看法转变先于他所认为的别人的看法：“行，我接受我自己的样子，但我还是觉得别人认为我丑。”一位24岁男大学生认为自己的手长得太小，他觉得，手太小会让他认识的女孩以为他的阴茎也很小。在第十次行为治疗时，他个人的想法已经有了显著的变化，但他还是怀疑其他人不这么想。我们可以看出，在自尊这个问题上他人的看法影响很大。

治疗躯体变形障碍有时候需要使用抗抑郁药物，即使病人并没有严格意义上的抑郁症症状。抗抑郁药物似乎可以直接影响病人，使其跳脱出来看待自己过于执拗、影响正常生活的种种想法。

酗酒

在《小王子》中，安东尼·德·圣·埃克絮佩里描写小王子某天遇到一个非常不幸的人：

接下来的那个星球住着一个酗酒者。尽管逗留时间很短，却让小王子陷入了深深的忧郁之中。

"你在这儿干什么？"小王子问酗酒者。

"我在喝酒。"酗酒者回答道，神情很悲哀。

"你为什么要喝酒？"小王子问他。

"为了忘却。"酗酒者回答道。

"忘却什么？"小王子觉得他很可怜，追问道。

"忘却我感到羞愧。"酗酒者垂下了头。

"你为什么感到羞愧呢？"小王子很想帮他。

"因为我酗酒！"酗酒者说完这句，便彻底沉默。

酒精往往对那些自尊低的人构成一种诱惑，酒精喝下去起初确实令人欣喜快乐，使人放松，抑制解除。而幸福感和行为自如正是这些自尊低的人缺少的。

为什么自尊水平低会导致酗酒?

酒精使人暂时忘却对自己的负面评价

人对自己的看法越是负面，越是想要忘记失败，越容易向往酒精。纳粹集中营的医生挑选没有劳动能力、送进毒气室的囚犯往往是在饮酒之后，或者通过事后喝酒来使自己摆脱负罪感。没有研究证明酗酒和吸毒的青少年一般都觉得自己一无是处或无法掌控自己的人生。

酒精具有强大的解除抑制的作用，让人更容易采取行动

我们知道低自尊的人行动力很差，而酒精能使他们“看不清”即将发生的未来，也就是说，酒精可以阻止他们在行动之前想象采取某种行动可能带来的后果（他们平时喜欢前思后想）。一项针对美国某一校园性侵案件的调查表明，80%的犯罪者和70%的受害者在性侵发生时都处于醉酒状态。

饮酒行为往往受他人影响

饮酒与许多群体活动联系在一起（节日、家庭聚会、朋友聚会）。低自尊的人在这种情况下更容易从众饮酒，因为他们特别小心地遵从群体中的规则。有研究表明，青少年在派对中往往会高估朋友的饮酒量，因此自己会喝得比平时更多。

嗜酒：值得注意的信号

与自尊丧失相关的情绪是酗酒问题的警示信号。如果你强烈地感觉到：

- 想要借酒浇愁
- 饮酒之后自觉低人一等或有负罪感
- 为自己喝醉酒时的言行感到羞愧

- 饮酒之后想逃避家人和朋友

那么你需要考虑一下自己是否已经进入危险地带。

为什么经常酗酒会降低自尊水平?

酗酒导致抑郁

某些研究认为，98%的酗酒者在人生的某个阶段会发生抑郁。以前人们总认为，酗酒者因为抑郁所以饮酒，但这个假设并没有被大部分研究所证实。今天我们认为他们的抑郁是由酗酒引发的。

酒精导致抑郁的机制有几重：生理机制（神经递质紊乱导致生理依赖）、社会机制（羞愧感与社会排斥）以及心理机制（自尊降低）。

酗酒降低自尊

大部分长期酗酒者自尊水平低。一位女病人曾在信中向我们倾诉她的痛苦，摘录如下："我为自己现在这个样子感到羞愧：早晨醒来的时候，我不敢照镜子。但我不能不去想镜子里那张我不愿面对的脸，别人天天看到的那张脸：一个未老先衰的女人，皮肤粗糙，双手颤抖，拼命用香水和化妆品掩盖难看的脸色和难闻的酒气。想到自己，我就是觉得羞耻，所以尽量逃避，逃避的办法往往就是继续喝酒。多年来，我对我爱的人总是避而不见，因为我无法忍受他们看我的目光乃至对我说的话。”

然而，有的研究结论似乎与之矛盾，酗酒者拥有较高的自尊水平。原因也许是酗酒引发的羞愧感致使酗酒者采取否认和注重仪容的态度。

在任何情况下，酗酒者的自尊很不稳定。在不同的时间，尤其是在不同的醉酒程度下，酗酒者的说法在否认（“没那么严重”）和绝望（“我永远都不可能走出来了”）之间摇摆。可惜任何一种态度都不是摆脱困境的有效办法。

酗酒：抑郁还是自欺

相关领域	自尊崩溃时的态度	维护自尊时的态度
是否承认嗜酒	绝望：“我这辈子都离不开酒精了。”	否认：“我想戒的时候就会戒掉。”
别人对其酗酒的看法	羞愧：“我喝酒是不对。”	藐视：“岂不是不能享受生活了……”
酗酒的责任	负罪感：“都是我的错。”	指责别人：“我父母把我折磨得太狠，现在又抛弃了我。”

酗酒者怎样才能恢复自尊？

酗酒是一种很难治愈的病，病人和医生都容易失去继续努力的勇气，因为酗酒会一再复发。这就是为什么除了使用药物和心理治疗之外，我们还建议酗酒者加入由戒酒成功的人组成的匿名诫酒互助会，这样的协会旨在帮助酒精依赖者抑制酗酒冲动。

如果我们认真研究一下这些协会的方法，会很快发现它们之所以能起到较好的作用，主要得归功于对心理和低自尊者的需求的良好把握。比如，群体的大力支持使酗酒者面对必须做出的巨大努力时不感觉孤独。认识到酗酒是一种病可以避免某种程度上的自我贬低。循序渐进的努力非常重要：匿名戒酒协会要求协会成员以24小时为单位一步步来努力，“一次戒一天”，要知道低自尊的人很难制定长期计划，这样一次失败也没有那么令人气馁。他们同时鼓励酗酒者提高对自己的认识，匿名戒酒互助会的名言是：“我们勇敢而仔细地总结了自己的品行。”

心理创伤

侵害：从生理到心理

治疗侵害行为的受害者时，我们常常惊诧地发现他们的自尊通常被彻底动摇。在治疗中，受害者总是有羞愧和耻辱的感觉，比如性侵案件（“我被玷污了，这辈子都洗不清”）和暴力侵害案件（“我本该更激烈地反抗”），或者灾难幸存者（幸存者综合征：“为什么我还活着而其他人都死了”），这种羞愧感会导致他们陷入长期的痛苦，比如使他们离群索居，不再与别人谈及自己的问题，或者让他们感觉自己和别人不一样，无法被人理解，等等。

我们通常认为心理创伤的强度与所经受的威胁的严重程度成正比，但有时候对自尊的打击比对肉体的伤害更严重。在对巴黎公交车司机所经受的侵害的研究中，我们很惊讶地发现一个十来岁男孩的一句辱骂或一口唾沫对司机造成的伤害甚至比成年乘客对他造成的身体侵害更严重：前者的挑衅对他们的自尊造成的打击大于与后者发生的口角。

在家庭暴力案件当中也能得出同样的结论：被丈夫毒打的女性，其自尊水平总是低于与其社会地位相同但未曾遭受毒打的女性。原因可能是：低自尊导致妻子忍受不可忍受的家庭暴力；而长期的暴力和羞辱进一步打击其自尊。

邪教：小心！

心理学与个人发展正逐步被一些邪教利用为骗人的武器。实际上，邪教越来越多地通过心理学，以所谓的“深度人格解读”或“精神再强化”培训为名，吸引潜在的信徒。这些邪教老信徒的证言很清楚地表明，邪教巧妙地利用了那些慕名而来的人的自尊问题。一位摆脱邪教山达基（Scientology）控制的女性所写的书里有很清晰的描写：

- 邪教解答信徒关于个人身份的怀疑（以免费人格测试为突破口）；
- “人格解读”确认其对自我的怀疑并提供解决方案：先告诉你，你有问题。接着说山达基有办法解决。

▸ 加入一个关系紧密的小组，与外界隔绝，让人感觉自我价值提高:“觉得自己不再默默无闻。山达基让信徒有一种打入精英圈子的感觉。”

▸ 邪教的新成员们往往会重新获得行动的欲望，但仅限于在群体当中并依靠群体的积极支持，令他们完全依赖于群体:“你真的取得了进步，渐渐克服了腼腆，敢当众发言，能够做很多事情，但永远是在邪教的帮助之下。”

如果你希望在提升自尊的过程中获得帮助，要多留心，不要受愉快的表面印象诱惑而被完全控制。在任何情况下，培养自尊都不能以你放弃自己选择的生活、放弃与朋友和亲人的来往为代价；在任何情况下都不能以限制你的自由为代价。如果你有疑虑，一定要问问身边的人或者健康专业人士的意见。

伤人的父母

长期以来，精神病学指责父母养育不善而导致儿童患上精神分裂症和自闭症。现在我们知道这些疾病受教育或亲情的影响较少，主要源于多种起因的生理机能障碍。

相反，对自尊而言，父母的作用非常大。导致孩子出现自尊问题的最主要原因是教育无方。在这种情况下，对自尊的损害其实是有限的。它们可能带来痛苦和磨难，但不一定会对成年之后的心理平衡产生严重后果。反过来，确实存在一些真正“有毒”的父母，如数年前的一本美国畅销书《父母会伤人》（*Toxic Parents*）为我们梳理了一系列可怕的父母形象。这些“偷走童年的人”的共同点就是严重地损害了受害者的自尊。以下是主要的几大类：

事事控制型父母

这种滥用家长权威的父母认定只有他们才知道对于他们的孩子来说什么是好的，不给孩子任何自主权利。如果孩子试图反抗，他们会令他产生负罪感或用情感来要挟（“我是为了你好”）。即使长大成人以后，孩子仍旧受到来自父母的压力，对他的日常行为和人生选择处处横加干涉。

对自尊的影响很明显：孩子（包括他成年之后）认为自己没有父母就不能做成任何事情，很可能从依赖父母变成依赖配偶。听听42岁的绘画老师弗朗索瓦的讲述：

“我花了18年长大成人，花了40年才摆脱我母亲的影响！还是吃了好几年的抗抑郁药物和心理治疗才成功的。我心想，我人生最大的悲剧也许是身为独子：母亲全部身心始终都是为了我，这是一种考验。

“比如，她给我买衣服，每天早上，她按照天气预报帮我选好该穿什么。我想反抗时（我很少这么做，但到了青春期，我开始对自己的外表打扮有了自己的一些想法），她总是跟我说我完全没有品位，太容易被人影响。后来，她还限制我出门和朋友往来，不管白天晚上随意进出我的房间，打开查看我的信件。

“在感情方面，我一直没有跟人交往过，一想到要经受母亲理所当然的拷问，我便失去了勇气。等我找到了工作，她执意要求我还是住在家里，尽管我已经有了工资收入。我照她说的办了。这么多年一直被她灌输我没有独立的能力，我信了。最要命的是，她一面处处钳制我，一面批评我不够成熟、犹豫不决、脆弱……

“当我决定离开家独立生活，她用尽一切手段阻止：威胁、要挟、自杀、住进精神病院，打电话或在街上找我大吵大闹。但是我不为所动，我一点都不后悔。”

酗酒的父母

这种父母令孩子承受他们的情绪从消沉到充满敌意的大起大落。因为他们自己患病，无暇顾及孩子的需求和心态。他们那种极度脆弱的形象乃至身体和精神上的衰败使孩子自尊变得不稳定。正如一位女病人所说：“看到我母亲那个样子，我怎么可能觉得自己是个不错的人？一分钟也不信。”父母如果酗酒，孩子有时候会为父母的病态而感到自责：“他发脾气，也许是因为我的错”“他喝酒，可能是因为我让他不高兴”。

如果父母有一方酗酒，家庭情感及教育环境往往在孩子眼里看来混乱无序：他们无法预知酗酒的那一方对于他们的行为会做出什么样的反应。有时做错一件事可以被容忍，甚至博得父母怜爱。别的时候，即使默不作声仍会惹得生病的父亲或母亲大发雷霆（“我们心里清楚，有些晚上，不管做什么，只是露个面也会引发一场争执”）。父母酗酒的家丑不可外扬，更加增强了他们的羞耻感和对成人世界的不信任感。

尽管如此，有一部分孩子能够在这种毁灭性环境中幸存。研究表明有相当大的一部分（约20%）孩子能够建设自己的心理，保护好自尊，通过对环境的超强控制策略，成为早熟而独立的小大人，学业成绩好，独立自主。但是，这种超强控制的拯救办法引发的问题可能在他们成年以后才会体现出来，比如这位年轻女人告诉我们：

“我的公公酗酒。我觉得我丈夫之所以能挺过来，是因为他把自己变成了小大人。很小的时候他就开始照顾父母，因为他母亲患有抑郁症，经常放学回家看到母亲躺在黑暗中，家里乱得吓人，父亲则在酒馆里喝酒。他一个人照顾妹妹、打扫房间、做作业。等父亲一回来，他就得想办法保护大家，因为会大吵大闹，有时父亲的拳头会像雨点一般砸下来。

“我刚认识他的时候，他跟我谈过一次这些事情，然后再也不提起了。但我看得出来小时候的这段经历给他打上了深深的烙印。现在他仍然着了魔似的要让一切东西井井有条，像是通过控制一切来安抚童年留下的焦虑情绪：账单都付清了吗？

孩子们的作业都做了吗？家里有什么要修的东西？等等。

“他是个好爸爸、好丈夫，但他缺少幻想，他跟我和孩子在一起从不放松。等我批评他这点的时候，我觉得他完全不理解我的意思。后来，慢慢地，我试着教会他自然而然、无忧无虑的感觉。不容易！”

言语虐待孩子的父母

这类父母擅长贬低孩子，用残酷的言语批评他们的错误、弱点甚至他们的体貌特征。更微妙的是用冷嘲热讽的方式评论孩子的表现。这些言语上的虐待针对：

- 孩子所表现出的任何偏离父母期待的态度。对自尊的影响是：孩子将记住最好遵从别人的期望，他心里的新想法和个人愿望应该忘掉。
- 孩子的态度威胁到父母的权威，辱骂将升级，变得更恶毒。尤其是到了青春期时，这种母亲看不得女儿变得妩媚、漂亮、吸引人；这种父亲觉得儿子高大的身材和体育方面的成绩对他是一种威胁，或者嫉妒儿子对女性的吸引力。
- 言语虐待可能以直接（贬低孩子的批评）和间接的方式表现，提出完美主义的要求，永远不满意。这使他们的孩子成年之后自尊极其脆弱，对别人的评语极度敏感。

体罚孩子的父母

这类父母，出于各种原因（但一般是因为他们自己缺爱），无法控制暴力虐待孩子的冲动。与酗酒者的孩子类似，家庭成了一个危险而难以预测的环境。孩子记住的是，不论他在哪里，无论他做什么，都不安全。更严重的是，他觉得自己对这种状况负有部分责任。

一位病人童年时曾经受到暴力虐待，他说："我那时候觉得我父亲打我是因为我表现得不好；因为他不打我姐姐，我觉得是我的错。我是个没用的孩子，挨打是活该。"父母中的另一方不干涉，往往是被动同谋，彻底使孩子认为他没有任何内在价值，甚至认为他的存在引起了别人的攻击性。我们把这称为"家庭内部的祭品"。

这种环境中长大的孩子的自尊问题，主要是对自己个人价值的深深怀疑和自我贬低："父母没有保护我在身体上不受虐待，是因为我不值得被保护。"

性虐待孩子的父母

家庭暴力中罪大恶极的就是父母中的一方有乱伦行为（一般是父亲侵害女儿或继女）。孩子在最亲密的关系中受到了侵害，无处可逃。隐形暴力的氛围通常很明显，少女收到各种令其产生负罪感的信息："如果你不做，再也没有人爱你了""如果你不接受，我会伤心难过""我会狠狠揍你，揍妈妈还有你弟弟""你要是告诉别人，我会坐牢，就是你的错"。

母亲往往是被动或主动的同谋（"你要是不肯，我们都会受折磨”)。一位16岁的病人被继父性侵，她说：“我不知道怎么办。如果我同意，我觉得自己是坏女孩、不正常。如果我拒绝，他说我对他态度差，我拘谨不开放。如果我继续抵抗，他会对我妈妈和我弟弟很凶，作为报复。所以我觉得我妈妈宁愿我屈从于他。”

被性侵的孩子的自尊受到极为严重的伤害，往往会罹患各种精神疾病，比如边缘型人格。

边缘型人格与自尊

拥有这种人格的人在情感关系中表现出严重的不稳定性：他们很难与别人建立正常的关系，因为他们对于在他们眼中属于排斥和抛弃的行为极度敏感，一句话、一个批评或一次失恋都会使他们陷入极深的痛苦，并使他们采取冲动行为，往往是伤害自己：自杀或自残（用香烟烫伤自己、用裁纸刀划伤自己的大腿）。

精神科医生见到很多这样的病人，通常都有与焦虑和抑郁相关的精神问题。精神科医生知道对这样的病人做治疗难度高压力大，因为他们极其脆弱，自我形象极差。他们的自尊实际上受到了严重的打击。这些病人常常说他们如何厌恶自己，厌恶自己的身体、行为和情绪。

如此低落的自尊是他们人际关系障碍的解释之一：边缘型人格把任何保持距离的行为都视为排斥，即使这种行为是适度或暂时的。对此，他们极其脆弱的自尊完全承受不了。多项研究表明，这类人往往在儿童时期严重缺爱，甚至被虐待，包括被性侵。

痊愈，要找回自尊

精神疾病的痊愈经常是通过找回自尊来实现的。以下三大理由证明我们应该更加关注病人的自尊。

首先，成为“精神科病人”已经是对病人自尊的第一重打击。长期以来，人们都不敢谈论自己的精神问题，因为社会上对精神疾病的看法极为负面，会使他们进一步感到被孤立，更加痛苦。今天，心理问题更好地为大家所认识，心理病患愿意聚集在一起，组织协会，在人前维护自己的权益。这在找回自尊的道路上是重要的一大进步。

其次，因为大部分心理病态情感都与自尊问题相关，无论其性质如何，请见下表。

自尊与心理疾病

低自尊的作用	病例
低自尊是病因	抑郁症
低自尊加重疾病	腼腆和社交恐惧症
低自尊使疾病持续	心理创伤
低自尊阻碍病情好转	暴食症

最后，治疗师仍然需要慢慢地习惯培养与病人之间互相尊重、彼此平等的关系：太常见的情况是，治疗师掌握知识和权

力，对疾病不作出解释，对病人的问题不予答复，而病人不得不接受。

模仿政治上的一句名言：今天的病人希望自己“负责任”（希望在治疗中扮演积极的角色），但不希望自己“有罪”（不接受或拒绝承认因为自己并不想罹患的疾病而被人谴责）。

第十章

保护自尊的心理调节方法

Petits arrangements avec l'estime de soi

日常生活中，当自尊受到威胁的时候，我们就会做出很多自觉或不自觉的行为来保护或增强自尊心。因为自尊的强弱并不是一成不变的。同一个活生生的人一样，自尊心也是需要定期予以补养并受到保护的。

然而，这些手段对自尊的调节作用是有限的，有时，在短期内确实十分有效，但它并不能够代替下一章里我们将要介绍的那种深层次的行动。因此，了解这些保护自尊的心理调节手段可以使我们不被它们一时的作用所迷惑。

自尊保护机制

八岁的夏尔说他不想去上柔道课了。他的父亲问道：

“为什么你不想去了？难道是你害怕格斗练习吗？”

“不是的！我一点也不害怕格斗练习，恰恰相反。”

“你确定？”

“是的，我向你保证。”

“那是因为什么呢？”

“嗯，我觉得那里的氛围糟透了，大孩子们对我们不友好……”

夏尔的父亲知道，儿子自加入这个俱乐部以来就一直很焦虑，因为他讨厌每节课末的格斗练习。但出于面子，夏尔不愿向父亲承认这一点，自己也不愿意接受这一点。柔道是他十分热爱的运动。他订阅了所有关于柔道的专业杂志，并且是他自己想要加入这个俱乐部的……这是怎么回事呢？

真实的情况是，夏尔启动了所谓的“心理防御机制”，即对于一个自己不能接受或不愿承认的事实，出于对自尊的保护而进行的心理活动或行为：夏尔否认自己面对竞争产生了焦虑感，因为他不想在父亲面前丢脸，也不想自己看扁自己。

心理防御机制有什么作用？

它的主要作用是避免我们在意识中产生痛苦的情绪或想法。而且，当我们面对困难的时候，会很自然地求助于这一防御机制，因为它起着痛苦缓冲器的作用。比如，极力驱散头脑中痛苦的记忆，又或是陷入幻想以逃离苦恼，这两种防御机制可以使我们不再去思考那些令我们产生不适感的事物。

我们越脆弱，就越倾向于使用这些防御机制，因为它们可以保护我们的自尊心。这些防御机制使我们不用直面问题，是一种自我调适和逃避现实的手段。

然而，同所有的逃避一样，这些防御机制使我们变得更加脆弱。防御机制所起的作用与奉承者并无二致。阿谀奉承的朝臣们总是对深居王宫的国王说着“陛下，一切都很好”，然而事实是，王宫之外，革命正蠢蠢欲动。国王不会尝试进行任何变革，因为他听到的就只有那些令人安心的消息。我们的病人也是如此，他们将所有的信息都加以过滤，只记住那些令他们安心、并不需要付出多少努力就可以接受的消息。

因此，从某种程度上说，这些防御机制是一种无意识的交换，在这个过程中，他们牺牲掉了个人发展的机会，来换取一种虚无的安全感。

主要的心理防御机制

心理防御机制	对维护自尊所起的作用
回避应对，退缩	避免失败的风险
否认	拒绝承认问题
投射	将自己的消极情绪及困难施加到他人身上
幻想及白日梦	想象自己的成功，而不是去实现成功
合理化	承认问题，但却为这些问题找一些原因，以避免遭受质疑
补偿	通过投身于其他领域来摆脱自卑感

心理防御机制既有好处也有弊端。当我们遭到惨痛的失败时，我们可以选择以幽默的口吻将这场失败讲述给亲朋好友，这可以使我们免受他人同情，避免自我形象受损，很好地抵抗因不美好的回忆而产生的抑郁情绪。但不好的一面是，以一种幽默的方式讲述个人的不幸会令我们逃避对不幸进行思索，不能直面它所产生的后果。

另外，偶尔动用心理防御机制并不会引发问题，但如果过度依赖于此机制就会产生问题了：一个总是拿自己开玩笑并“从不严肃”的人会令与他对话的人产生不安感，交谈者可以很容易地从他那惯用的自嘲行为中觉察出他的防范之心。

怎样错误地保护自尊？

26岁的年轻小伙杰罗姆同父母住在一起。大学生活令他很不舒坦，并且学不下去，于是大一那年他就中断了自己的语言学习。接着，他去英国实习了一年，在那里获得了一个私立大学的商科文凭。但回到法国后，他找不到想干的工作，靠着零活儿维持生计。

父母劝他同某些朋友、熟人联络，因为这些人或许能帮他谋得一份收入更高的工作，但他总是拒绝求助这些人。同样，他也拒绝参加一些派对。他担心在这些场合人们会因他工作不稳定而否定他，而回避则可以使他免于在这些场合中掉价。

当妹妹同他谈论他的独身状况时，他回答说自己一点也没觉得痛苦。当父母批评他说他出门太少时，他辩解说很多年轻人都同他一样，“宅”在他这个年龄的人中是一种潮流：这种否认使他可以不用去承认自己的行为不正常。

他还说，不管怎样，和他同龄的女孩都太肤浅了，那些派对令他厌倦，父母的朋友们为他推荐的工作他一点也不感兴趣：通过这些合理化，他不用去直面真正的问题，也不用对自己产生怀疑。

有时，他指责父母令他紧张，对他施加压力，使他产生极大的负罪感，令他很不舒服：他将自己的情绪投射到父母身上，让父母对此负责，这样他就不会认为自己的焦虑和自卑之感在很大程度上是自己造成的。

他花大量的时间去幻想终有一天他会遇到自己的真命天女，他的一个眼神就可以吸引她：这些幻想使他暂时感觉良好，但却令他活在一个与真实的人类关系相悖的假象之中，一旦有朝一日他经历过一段感情，他就会备感失望。

他计算机使用娴熟，花大量时间去上网，认为自己是这一领域的专家：他的这种能力在一定程度上可以补偿他人生的失败。他还梦想着发起一场称为“无国界计算机专家”的人道主义运动，通过这场运动教给不发达国家儿童如何使用电脑……

人人都会求助于心理防御机制。无论我们自尊是高是低，这些在现实面前的妥协是我们每个人日常生活的一部分。有时，这些妥协会以类似我们上文描述的形式表现出来。有时，其表现形式又不会那么明显。现在，让我们来综观一下这些妥协的表现形式。

如何保护低自尊?

低自尊者最害怕的就是失败。这就是为什么他们宁愿守护自尊而不去寻求自身发展，宁愿去预防失败而不去进行风险管理。因此，我们在他们身上看到的心理防御机制主要有回避应对和退缩（什么都不做就不会产生失败）、否认（不承认自己的挫败和退缩）等。

畏惧失败集中表现为一种谨慎保守甚至是小心翼翼的社会态度:不过多地把自己暴露于公众之下，就不会有招致批评和拒绝的风险。许多低自尊的人喜欢活在阴影之下，这不是因为他们不喜欢成功的光芒，而是因为他们觉得没有能力去获得成功。要获得成功，就得参与到与别人的竞争中，这就会面临遭遇反对和失败的风险。对于低自尊者来说，不稳定因素太多了!

但他们也同其他人一样，渴望成功和奖励，这样才可以把自尊保持在一个可以接受的水平。他们如何去做呢？以下是一些他们经常依赖的方法。

通过他人的成功来获得成功：间接成功

他们首先可能会采取的策略就是享受别人的成功，认为自己也与这个成功有关系。这个别人可以是身边的某个亲朋好友，比如孩子或配偶。因此，当一个曾苦于自己学习不好的人看到自己的孩子学习成绩优异时，当然会为孩子高兴，但这同时也增强了此人的自尊心。22岁的文学系学生艾洛蒂就遇到了这种情况：“我们的母亲出身于一个贫苦家庭，父亲来自中产阶级家庭，他们的婚姻失败了。母亲独力抚养我们长大。因为离婚不愉快，她与父亲断绝了往来，没有要抚养费。为了负担我们的大学支出，她奉献了自己的一切。对我们而言，这是一个沉重的负担，考试令我们备感压力，我们认为我们没有权利令她失望。每次成绩不理想，我就会有一种辜负了她的信任的负罪感。我觉得，我们学习的好坏对她来说真的无比重要。”

配偶的成功也是如此：有这样的年代，大量的妇女为使自己的丈夫成功而奉献着，丈夫的成功会令她们感到无比骄傲。20世纪60年代医生们的妻子就是如此（“医生的妻子”这一名分可以增强她们的自尊）。

间接成功涉及的成功者也可以是一些关系比较远的人。比如运动俱乐部的支持者们，他们会随自己支持的队伍的赢输而骄傲或沮丧。扩展到集体层面，国外的观察者已经注意到自1998年世界杯法国队获胜后，法国的整体自尊感是如何得到提升的。胜利带来的喜悦是如此强烈，由此掀起了全国性的庆祝，这是自二战结束后德占领土被解放以来最为盛大的庆祝之一。

不要误解我们：我们不是要告诉您支持与自己有关联的人或群体、为他们的成功而高兴就代表着低自尊！关注别人的成功是很正常的一件事情。但要知道，增强自尊的潜意识通常会与这些举动相联系。

我们如何断定这种策略的使用是过度了的呢？第一个标志是这种代理机制成为了提升个人价值的唯一途径。其次是被寄予希望的人失败时，此人会做出暴力性的反应。这种现象在运动迷中表现尤为突出：当他们支持的队伍失败时，有人就会自杀或是袭击他们认为应对失败负责的人（裁判、运动员、领导人）。这让我们想起了1994年从美国世界杯战场回国后被谋杀的哥伦比亚运动员：他在比赛时踢进了一个乌龙球，致使哥伦比亚队遭到淘汰。过度使用这一方法的最后一个标志是，负担着提升低自尊者自尊的这个人被施以过度的压力：被父母“委以重任”的孩子就属于这种情况。这些父母或多或少人生都有些失败（至少是在他们自己看来），于是，就如我们前文看到的，他们让子女承担起去实现他们所不能实现的事情：学习成绩优异、提升社会阶层、赢得体育比赛，等等。

不战而胜

拥有高自尊的人也会运用间接成功：在中世纪，决斗者们会代表自己的君主去参加骑士比武——国王不能冒险去承担惨遭失败！总体来说，拥有高自尊水平的人也会从间接成功中得到享受，但他们享用这种成功的方式更公开：他们不怕趁机彰显自己，独占功劳。

待在群体中!

被一个群体所接纳，有利于保护自尊。

前文已经说过，社会认可与自尊有着紧密的联系：被一个群体接受表明这个人至少被一群同类的人接纳。外人对一个群体社会评价的高低其实并不重要。通常，低自尊的人宁愿在一个表现一般或社会评价不高的群体中有一个受人肯定的地位，而不是在一个竞争激烈的群体中“费尽心思”去守住一个次要位置。因此，一个低自尊的小男孩处在一个屡遭失败的足球队中会更舒坦，因为这样他可以上场踢球并与他的伙伴实力相当。

更重要的是，团队令分享成为可能：共享成功，共担失败。这让我们明白了为什么低自尊的人尤其喜欢融入群体：在团队中，他们做好了分享成功的准备，但更重要的是，在失败的情况下，团队可以减少个人承担的责任，这令他们有一种安全感。因此，自尊所受打击也极小。因为，比起对成功的欣赏，他们更畏惧失败。

当我们看到拉帮结队现象在青少年人群中尤为普遍时，不要惊奇。要知道自尊在这个年龄段是尤为脆弱的。

为什么要加入团体

对于高自尊人群来说，结成团队更多的是为了与他人有所区别（比如，加入一个上流社会俱乐部）。而对低自尊人群来说，结成团队是为了较少孤独、更好地被保护。

幻想、模糊的想法以及虚拟世界……

一些低自尊的人有时会沉溺在无尽的幻想之中。“有时，我会整日待在屋里什么都不做，”一位病人描述道，“我幻想着自己取得了耀眼的成就：时而我成为了一位总裁或是获得了诺贝尔奖的研究员，时而我是世界一级方程式锦标赛的冠军，还有其他一些荒谬的事情……当然，所有这些都直接跳过了行动阶段，比如注册商学院或是参加运动驾驶课程。我从一个幻想转到另一个幻想，就像一只爬虫，从一朵花爬到另一朵花；更像一只什么也不产的蝴蝶，不像蜜蜂，至少还采集花蜜……”

幻想有时是有好处的。但对于低自尊者而言，它却是危险的，因为它令低自尊者没有行动就产生了满足感，并令低自尊者惯于忽视达到成功的中间阶段（为成功而付出的努力、失败、不成功的尝试、各种要应对的困难）。

经常沉溺于虚拟世界（电子游戏、电视剧、小说）也从属于幻想这类活动。对于这些消遣方式的某些大客户而言，他们之所以这么做，主要原因是为了逃避严重折磨着自尊的现实。

> 高自尊者也会幻想，但对他们而言，这些想法更多的是作为行动的前奏，而不是取代行动。

如何保护高自尊？

人们会先验地认为对于高自尊的人来说，凡事都相对简单。大体看来，他们的行为方式（承担风险、寻找机会发展个人能力、拓展自己的极限）使他们能够持续地保护和增强自尊。低自尊的人很少去做什么，以此来尽量减少需要面对的失败。但高自尊的人不是这样：他们实干，因此获得了更多的成功，但同时也遭到更多的失败。没有人会觉得遭遇失败能令人开心。那么，高自尊的人是如何应对失败的呢？

归因偏差

人们面对失败会有多种反应。或是接受失败的事实并从中吸取教训——这是人们最常持有的态度，但也是最耗费感情的，尤其是在失败次数较多或重复失败的情况下。或是我们换一个角度看待问题："这不是我的错，这没什么大不了，这会改变的。"这就是心理学家所谓的"归因理论"。面对一个既定事实，人们倾向于赋予这个事实某些特征：这件事情的发生取决于我还是外界，是会再次发生还是一个独立事件，是具有代表性还是个例。

善于运用这些归因手段可以使人们接受很多既存的问题。比如，高自尊的人总是倾向于将成功归因于自己，而将失败的责任归咎于外部因素——命运或他人。在失败的情况下，他们对自己的批评总是比较特别："我在这点及那点做得不好"而不是"我真可悲"。1525年帕维亚战争，法军溃败，弗朗索瓦一世被俘，在他给母亲昂古莱姆公爵夫人的信中，他写下了著名的"除却荣耀，自己已一无所有"——这是非笼统自我攻击的一个典型例子。

高自尊的人面对失败时采取的归因策略

策略	例子
将失败归于外因（而不是内因）	"我尽力了，其实这是……的错。"
不把自我攻击扩大化（而是将批评限制到具体某一点）	"我的计划中有一点没有按照预期进展……"（但其余的都很完美）
不对事物过早作出结论（不扩大化）	"这不能推翻我的想法，下一次会进展顺利……"

手术室中

我们来看一下这位高自尊的外科医生是如何来面对手术事故的:

"我的手术做得非常成功。病人之所以没活下来是因为麻醉师没能处理好。总之，这是一个特例，我之所以愿意做这个手术是因为没有人愿意做，病人又十分需要手术治疗……"

关注别人的错误：向下比

90%的商人认为自己比普通商人要优秀，70%从大学尤其是知名大学毕业的人认为他们的能力高于一般同事。当与同伴进行比较的时候，高自尊的人会很自觉地认为自己优秀！另外，我们注意到高自尊的人会仔细挑选自己占优势的方面与他人进行比较。这也许可以解释为什么社会各界都有这种自欺欺人的社会比较倾向。拿教师来说，90%的高中教师都自认为比同事优秀。25%的大学生认为自己是那1%有能力领导他人的人。但另一方面，也许并不是所有文化中都存在社会比较（或者说，至少其比较方式是不同的）：一项对日本初中生行为的研究并未发现这些初中生有通过用有利于自己的比较来抬高自己的倾向；这种比较带来的甚至是相反的影响！

当高自尊的人遭遇了失败，这种倾向会加剧。他们会比以往任何时候更倾向于将自己与成就或能力不如自己的人进行比较，以使自己安心。为此，他们会更加关注他人的过失和缺点。一些有趣的实验证明了这点。我们给高自尊和低自尊的人布置了一些简单的任务，并使他们都未能完成这些任务。失败(他们被明确告知失败)后，让他们进行了另一个测试：阅读关于另一个人的积极行为和消极行为的列表（“雅克出色地通过了一个很难的考试”，“但他拒绝借钱给一个需要用钱的朋友”，等等）。一段时间后，让他们回忆能记起的列表中的行为，我们发现高自尊的人在遭遇失败后，更愿意记得的是他人的缺点。因此，要注意你的上司，如果他遇到了倒霉的事并影响了其自尊，他将会一下子想起你过去犯的所有错误，或者为一些小事批评你，为的是让自己相信自己不是公司中唯一没能力的人，还有比他更差的……

就连伟人有时也会向下比……

对于对自尊感兴趣的人来说，弗洛伊德的人生充满了说不完的趣闻逸事，因为这位伟人平生对待他人是既热情又残酷的，尤其是对他的那些莽撞的学生。关于这一点，他的学生兼他的传记作者欧内斯特·琼斯讲述如下：

“斯特克尔（弗洛伊德的学生）认为对于某些发现，自己比弗洛伊德研究得更深刻，对此他以不是很谦逊的态度表达了歉意，说骑在巨人肩膀上的矮子可以比巨人看得更远。弗洛伊德讽刺地反对道：“这也许是真的，但对于天文学家头顶的虱子来说，就得另当别论了。”

对评判者的批评

“告诉我你对我的看法，我就会告诉你你的价值。”这种策略经常被高自尊的人使用。以下是一个例子：志愿者们与心理学家进行了一次谈话。在谈话结束后，心理学家给他们一个正面或负面的评判。然后让志愿者评价心理学家对他们的评判是否准确以及心理学家的专业水平。对于低自尊的人来说，心理学家对他们的评判好坏并不会影响他们的看法。对于高自尊的人来说，心理学家对他们的评价越积极，他们对心理学家的评价就越好，越倾向于认为心理学家的水平高！

要提高自尊，是否应给自己设置阻碍？

三岁半的小贝朗吉尔同她五岁半的姐姐以及姐姐的朋友在玩“记忆”游戏——一种有利于培养儿童注意力的游戏。这时，她十分依恋的爸爸看到她们在游戏，（笨拙地）问道：“嘿，孩子们，谁会赢呢？”问完之后，他就在一旁看她们游戏。从这一刻开始，小贝朗吉尔就开始玩不好了，她走神，不看牌，嗲声嗲气地说起话来。两个大孩子很生气，说不带她玩了。意识到自己说错话了的父亲坐到了游戏桌旁，把小贝朗吉尔抱在腿上，安慰她并鼓励她专心玩游戏。慢慢地，小贝朗吉尔又投入到了游戏中……

小贝朗吉尔的身上发生了什么？她完全有能力赢得比赛，为什么在短短的时间内，她就弄砸了自己的机会呢？

我们很早就注意到有些人做出一些有可能毁掉自己成功机会的矛盾行为：大功即将告成，成功已近在咫尺，他们却放弃了最后的努力；在一个重要的日子来临前不做任何准备（比如学生在考试前不进行复习）；又或是自己给自己设置阻碍（比如求职者在面试时迟到）……他们为什么会这样做？

是否存在失败神经症？

心理分析学家对于所谓的“失败神经症”很感兴趣。他们认为有一些人喜欢失败，或者对成功心怀畏惧。依他们所言，不配成功的感觉以及面对成就产生的负罪感可以解释这种故意使自己失败的现象。而且，这种理论变得十分流行，尤其是在体育界，人们经常会谈论这个或那个冠军“怕赢”。

然而，对于这种现象，还有其他的解释，其中一些与自尊有关。比如，我们看到，与成功相比，低自尊的人认为失败与自己更相称，但是并不会因为失败而欢欣喜悦。一位病人对我们说：“有时，我觉得在失败的情况下更安全；至少，我对此已经习惯了，没有什么意想不到，这几乎可以使我安心。”对此种现象进行解释的最有趣的理论是自我妨碍理论。该理论简洁地解释说：不为一个重要的日子进行准备，或者固执地选择难以实现的目标，这并不是寻求自我惩罚，而是在呵护自尊！

我们来看一下考前不准备的学生的例子。这个学生通过不复习备考这一行为，为自己很好地设置了自我妨碍。他的目的是什么呢？也就是说，万一失败，他就可以辩解说：“没错，我是失败了，但这是因为我没怎么努力。”如此一来，他的个人综合能力（自尊依附于此）就不会受到牵连，而仅仅是因为他缺少准备。这个学生也许还会这样对自己说（虽然人在采取这种策略时通常是无意识的）：“如果我拼尽全力复习最终还是失败，会证明我没本事；但如果我没有努力而失败了，这就可以归咎于缺少努力而不是我没有能力。”

如果您仔细阅读了前面几章，您就可以由此断定：一个为自己如此辩解的人一定是低自尊的，因为他预先想到的是失败而不是成功。您的判断是正确的：自我妨碍是低自尊的人经常使用的策略。

高自尊的人会怎么做呢？他们预先想到的是成功而不是失败。他们进行自我妨碍不是为了在失败时可以保护自己，而是为了在成功时更彰显自己的价值。我们再回到学生的例子，但这次选取的是一位高自尊的学生。如果他没有复习却取得了好成绩（正如他所笃信的那样，因为他很自信）会发生什么？由此他觉得自己更了不起了：“我什么都没复习就考过了。”

值得注意的是，对外声称自己采取了自我妨碍策略也可能是一种装腔作势：故意让别人以为自己没有为重要的日子进行准备，以此博得更多的赞誉。有些高自尊的人很喜欢这种风格。而且，在法国及其他拉丁语系国家，这种策略异常受青睐，因为在这些国家，人们更看重因天赋或灵感而获得的成功，相对轻视通过刻苦而获得的成功。被别人看作有天分的学生比被人视为勤奋的学生更有利于提高自尊。而盎格鲁撒克逊国家的学生不太会刻意掩盖事实：如果他们学习很努力，他们不会羞于承认。

何时使用自我妨碍策略？

高自尊	低自尊
为了在成功时增强自尊（扩大收益）	为了在失败时保护自尊（减小损失）
在预计会成功的情况下使用	在预计会失败的情况下使用
与兴奋相关	与惧怕相关

日常生活中的自尊

日常生活中的很多行为都直接或间接地与自尊相关。买一件东西或者说邻居的坏话，通常是我们在无意识中为了保护自尊而采取的行为，无论自尊水平是高是低。让我们来综观一下每天发生的这些举动。

为自尊而消费

购物

人们经常会谴责消费社会迫使我们不断购买和占有自己并不需要的东西。商业目的和营销人员的巧妙手段当然在其中起了一定作用，但之所以如此大行其道，大概是因为购物满足了表面看不出来的深层需求，尤其是自尊方面的需求。购物就是为了提升自我价值，即使其效果短暂且不稳定。商人和广告商很清楚这点，特别是奢侈品行业，他们诱导你，让你以为买了一件奢侈品就跻身行家及优越阶层之列了。周六下午的购物是不是提升自尊的“毒品”？不管怎样，优秀的店员总会想方设法拍顾客的马屁，抬高他的自尊，促使他开开心心地掏腰包。

“在我身上成了一种病态的癖好，”某日，一位36岁的律师向我们讲述道，“我妻子说我是‘神经质购买’。我买的东西有些并不是出于实质需要，而是出于心理需求。比如，我给自己买了一个很漂亮的公文包，给我的事务所添置一盏昂贵的灯。一般来说，如果我的旧包没破或是原先的灯没摔坏，我是不会这样乱买的。但当我难过或遇到挫败时，我就需要提升自我价值感。并不是因为心情高兴所以买东西，而是为了安抚自己，堵住内心隐约的不快，提升自己在自己心目中的地位。30秒付款成功，就能拥有一件美观实用的新物件，无需任何努力，让我感觉很好。”

清醒

“在这个世界上，最让你不堪忍受的是什么？”1998年，*Eué*杂志向法国喜剧演员穆丽尔·罗宾（Muriel Robin）如是提问，她回答道：

“我自己。我和我的摇摆不定，我的自相矛盾。比如，我想如果我买一台最新款摄像机，超漂亮的，心情就会好一些。我身边的人都买了，嘿，我也弄一台放家里。然后呢？我觉得自己很傻，心想：‘这台摄像机给你带来了什么，白痴！我必须突破自己才能赚到1.5万法郎，而这些钱仅仅换来一个摄像机，在这之后，我又需要1.5万法郎去买别的东西，然后又怎样呢？’”

精神病学家有时会遇到“强迫型消费者”，他们经常做出无用的、超出经济能力的购物行为。这类病人向来在自尊方面存在问题，这有点像神经性暴食症患者及偷窃癖患者。而且，这三种心理疾病经常并发。

占有

购物的乐趣通常先于占有的乐趣，但是后者却更持久。拥有一件能提高身价的物品可以起到修补自尊的作用：华贵的家具、漂亮的房子等，尤其是那些外形亮眼的名牌豪车。眼下在大城市里，体型巨大、闪闪发亮却毫无用武之地的四驱车数量激增，很难不认为这是出于一种想要表现自我价值的炫耀需求。四驱车对于自尊的提升作用大概就像硅胶假体对于胸部的增大作用一样吧？

炫耀

购买和占有，这很好。但如果不展示给他人，让自己的自尊心感觉更加良好一些，多可惜啊！在咖啡馆露台前将汽车收音机音量调到最大，去餐馆吃饭时把大型车停在餐馆露台前，引得众人瞩目，多么提升自尊啊，效果远远超过在冷清的小路上打开广播或将汽车停在隐蔽的地下停车场，那样的话没人看见你从豪车里出来。通常，炫耀这一行为是为自尊服务的。1998年就有一则专为大客户定制的信用卡广告，宣称拥有这张昂贵的信用卡就是“身价的外在标志”……

引人羡慕

实际上，所有这些都回归到儿童式的快乐：因为拥有某种东西而被人艳羡，不是因为本身出色而被人赞赏。某些邮购目录就利用了这一心理。比如，《摩登男士》1998年5月的购物目录中有一则“浮床”的介绍：“远离人满为患的海滩和泳池，躺入清风的温柔怀抱或沉醉于一本小说，您将令所有的邻居都心生羡慕。”目的很明确：不仅要享受难以置信的新产品带来的舒适，更要让别人看到自己在无比惬意地休闲！巧妙的是，这则广告的配图是一位金发美女躺在浮床上（而不是广告的目标顾客男性买家）。这暗示着：购买此款浮床，您不仅会让人羡慕，周围的漂亮女孩都一心想着到您家来躺倒在您的“浮床”上。

吸引和吹嘘：

一种自古就有的运动

男人们总喜欢指责女性的肤浅和多话，但他们又很爱夸口自己征服过多少女人：吹嘘可以增强他们的自尊。

在曼凯维奇（Mankiewicz）[1]导演的电影《赤足天使》(*La Comtesse aux pieds nus*)拍摄期间，女演员艾娃·加德纳与斗牛士路易丝·米盖尔·多明甘有过一段交往。据说，他们同床共枕的第一夜，多明甘起身穿上衣服，伸腿跨出窗外。“你要去哪儿？”美丽的艾娃问道。“把这事告诉我哥们去。”斗牛士率直地回答。……

生活的小乐趣

拥有少见的本领

你有时可能会自问，成为比尔博凯（Bilboquet）游戏冠军或会写梵文有什么用呢……其实，除了可以带来真正的满足感之外，也许还有利于自尊。如果你自尊较低，你会发现在少有人涉足的领域表现出色有两点好处：第一，这类领域竞争较小，你也就相对容易出众；第二，您不会威胁到任何人，因此，你也就不会有遭人嫉妒或受人挑衅的风险。如果你的自尊高，你会特别希望自己独一无二或成为先锋，但你的能力需要在你渴望得到认可的社会阶层中被人欣赏。

控制和支配

一个人的自尊越高，他就越想掌控局面；他越是掌控着局面，他的自尊也就越高。这两者之间的相辅相成在日常生活中是如何体现的呢？当然是通过征服和行使权力表现出来！一些人选择投身政治，另一些人选择相对简单的办法。比如，为什么如此多的城市居民坚持豢养大型的烈性犬？为什么郊区的小混混如此喜爱比特犬？除了感情方面的因素（小时候看电视剧《贝儿与塞巴斯蒂安》看太多）或者实用的理由（用来恐吓敌人），最简单的原因是：这对我们的自尊有好处。狗的体型越大、越是有名的好斗品种，狗主人越有可能有自尊方面的问题。他们养这些大型犬的最终目的就是为了装作很有学问的样子告诉别人：它们其实不会伤人，“只要让狗明白谁是主人就行”。养小狗的人是迫害型主人（“坐下！躺下！趴下！别动别叫！来这里！”），他们也是一样自尊有问题：“这世上没有人服从于我，我找到了一个可以被我支配的生命。”注意，这些被他们支配的生命还可以是他们的配偶、子女、下属，等等。

在大富翁游戏里成为强中手

桌游是由社会力量关系派生出来的产物。中世纪的一些细密画展现了萨拉丁大帝和狮心王查理的对抗。某些人身上可以看出这种游戏与对抗的联系：他们在游戏中忘记了游戏应有的乐趣以及他们平时友善的性格。有两个迹象说明参与者在游戏中投入了过多的自尊：输不起（“既然这样，不奉陪了”），随时准备和队友吵架；为了得到成功或是因为受不了失败而宁可作弊。

违反规则或插队

违反规则（给所有人制定的规则）、车开得比别人都快、不缴纳罚款、偷税漏税……对于某些人（比如自恋者）来说，这些做法都能大幅增强他们的自尊。还有一些人只喜欢插队。谁不知道在排长队时插到别人前面所带来的乐趣？在我们国家，这已经成为了一种民族品德，美其名曰“机灵”，对我们的民族自尊而言，这能算是好征兆吗？

我和其他人

诋毁、诽谤和嘲笑

“这个家伙一无是处”，“这个女孩很漂亮，但却很笨”。说别人的坏话有什么好处呢？为什么这会令我们感觉很好？

诽谤他人可以缩小自己和他人的差距。说说明星的坏话（“这个演员貌似不太聪明”），想象世界上的权贵们（君王或百万富翁）实际上都非常不幸，这些可以缩小与他人之间的差距。

诽谤能让我们振作精神吗?

研究人员对这个问题很关心，他们分别向抑郁者和非抑郁者介绍了一些知名人士，并让他们对这些人物进行评价。

研究人员发现，当参与者认为名人的某些方面与他们“存在竞争”时，参与者就会倾向于贬低他们。比如，觉得自己有魅力的女性在评价名模时，就会倾向于说:“她长得并不是那么美。”自认聪明的男性在评价一个风头正健的知识分子时，会倾向于说:“他说的话也不是字字珠玑嘛。”

通过评估参与者在实验之前和之后的情绪，研究人员还发现此类批评只对抑郁者的心情产生了好的影响，其他人的情绪则变得差了。难道因为恶言中伤别人可以令其——至少在短期内——得到安慰，所以有些未接受治疗的抑郁症患者总是以恶言恶语的暴躁形象出现?

尤其要注意:如果您不是抑郁症患者，讲别人坏话对您来说没有任何好处!

刚遭遇失败的高自尊的人喜欢讲那些不太走运的人的坏话。从某种程度来看，嘲笑比自己更弱的人来提升自己的自尊是一种装腔作势。某些喜剧演员还会热衷于嘲笑运动员的不善言辞，被他们嘲笑的运动员通常来自于更低的社会阶层。这种以强凌弱的做法始终是令人不悦和讨厌的，因为这种行为的利好之处，无非就是通过贬低别人来使自己在心理或经济方面获益。

不要丢脸

“布列塔尼的假期啊？非常愉快！”

“可是那里好像一直在下雨！”

“哼，那只是天气预报说的。不是，总之，不管怎样，我们喜欢雨……”

拒绝承认自己的失败、受挫或是弱点是一种保护自尊的方法。更具有攻击性的方式是在讨论的开场白中诋毁对方的观点：“你这样看根本没用，让我来给你解释一下……”

辩论的艺术

在德国哲学家叔本华的《辩论的艺术》一书中，作者列出了一个很长的单子，并把这个单子命名为“永远不用承认自己错误的‘计策与窍门’”。如下是其中的几个：

计策32：“我们可以很快甩掉对手用于反驳我们的一个陈述，至少可以使其看起来不太站得住脚，就是把对手的说法归入某些普遍遭人反感的类别，通过相似或模糊的关系使之被固定在一起。例如：‘但这种说法是摩尼教思想，有点阿里乌斯教的思想，有点伯拉纠主义……’”

计策33：当我们缺少论据的时候，断言“在理论上也许是正确的，但在实践上不对”。

计策36：“用一连串荒唐的话令对手惊讶、目瞪口呆……”

这几个计策也许有益于我们的自尊，但用于处理社会关系，可能就不太好了……

自吹自擂

如何显示出自己的价值又不让人觉得刻意？以下是三个经典的策略：

- 不经意提到知名人物，让别人知道自己与一些大人物走得很近："嘿，昨天晚上，我们被邀请去了克劳迪娅家。什么？当然是克劳迪娅·希弗。啊！不好意思，我没和你提过。她太可爱了！……"
- 超洞察力，拥有别人没有的信息或者看到别人没有发现的问题："你真是太天真了，还相信这个，这比你想的复杂多了……"心理描述：粗暴地猜测邻桌的人或自己家人的行为。
- 以退为进求恭维，极力假装谦虚，引得对方对自己大加赞赏。

生活中并非只有自尊……

现在，也许您会觉得到处都有自尊的影子。没错，但生活中并不只有自尊！我们之所以会养狗，会为孩子在学校取得的优异成绩或他们的好气色而开心，这些都不一定是因为我们想要借此来提升自己的价值。而且，即使是有这样的初衷，这也没什么可指摘的。

希望你在读了以上文字之后可以注意到，我们在日常生活中都懂得运用的保护自尊的策略：购物、炫耀、批评、诋毁，等等。这些策略对自尊的调节作用是有限的，我们不应该对这些策略寄予过度的期望。为了持久地保护和增强自尊，需要另一些策略。这些策略是接下来一章我们将要谈到的。

第十一章

我爱自己故我在

Je m'aime, donc je suis

在生活中，有些时候我们感觉要好好呵护一下自己的自尊。无论是普通的养护还是大动干戈进行革新或干脆完全重塑自尊，到底该如何着手?

改变，有可能!

一旦长大成人，我们自尊水平的高低还能改变吗?很多人都认为答案是否定的。对他们来说，自尊是一个人心理特征的一部分，这些心理特征一旦形成便不会改变。实际上并不是这样。在我们的一生中，自尊水平会有变化。当然，如果你的自尊很高，基本没有可能变成一个自尊低的人，但反过来确实有可能。有项研究持续追踪了102位妇女，结果显示，经过七年的时间，低自尊者中有一半人的自尊都得到了提升。

为何会发生这种变化？在这项研究中，研究人员发现自尊的提升与人际关系的改善、职业地位的提升存在关联。但是不是自尊的提升带来了这些好的变化，又或是反过来？研究并没有说明。下面的这个小趣闻可以很好地说明，要找到如此变化的确切原因是很困难的。

一位病人来接受心理治疗。她在自尊方面存在严重的问题，并患有神经性暴食症，这些都令她极为痛苦，她还表示对自己的感情、职业、生活都很不满意。一年半以后，她有了一个情投意合的新恋人和一份新工作，神经性暴食症也没有了。简言之，她觉得自己充满活力。

对这位病人进行治疗的心理医生起初很不安，现在很高兴，为自己的工作备感自豪，深信病人身上发生的所有好的变化都是他治疗的直接结果。这让他更明确地认为事情都是很好地按照以下逻辑顺序发生的：病人的自尊问题得到了改善，于是渐渐地，她的生活状况也随之发生了改变。

治疗结束时，这位医生问病人她认为这几个月以来，对她帮助最大的是什么？这位病人有些感慨地回答：“当然，医生，您的治疗对我帮助很大，但我认为，如果没有遇到现在的恋人，我的生活不会有如此大的改善！”

毫无疑问，生活中的有些机遇对于自尊来说是一个新的起点。一段恋情的产生（尽管他/她十分清楚你的优缺点，但还是信任你，给你爱和建议）、一段友情、融入一个群体、从事某一职业、达到某个社会地位，所有这些都可以帮助我们建立自尊，或是令原本有些动摇的自尊变得无比坚定。

然而，生活中这类好事不太多。某些人(无论其自尊是高还是低)似乎还擅长“弄砸好机会”，感情生活中尤为常见。有些人由于骄傲会犯这种错误，比如一位漂亮的女孩，在选择配偶时要求极高，拒绝了一个又一个追求者，年近40岁的时候突然发现裙下之臣越来越少。另一些人则由于过度压抑而犯这种错误，比如一位年轻的男子因为不知道如何把握机会而使自己的一生最爱落入他人怀抱。

如果说自尊是可以改变的，应该做些什么特别的事来让这种改变发生吗？行动或不行动，这是一个问题。跟很多心理问题(如焦虑或抑郁)一样，自尊是可以保持的。

高自尊循环图

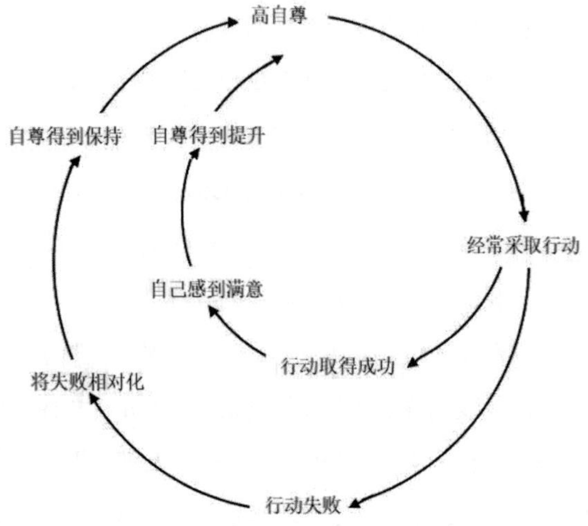

低自尊循环图

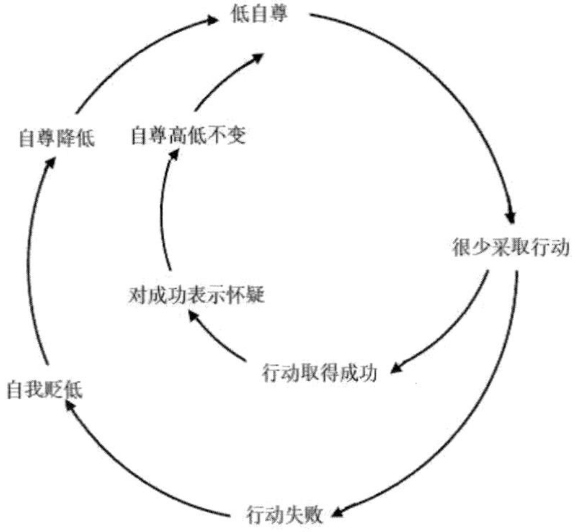

在这本书里我们已经看到，高自尊的人会更多地去采取行动，因此他们也会收获更多的成功，这些成功也提升了这些人的价值。如果他们遭遇失败，自尊会防止他们精神崩溃，令他们继续怀有以后再重新尝试的念头。相反，低自尊的人在行动前会花很多时间犹豫不决。因此他们获得的成功也不多。由于低自尊的人会怀疑这些成功是否是他应得的，并会考虑是否还有能力再取得成功，因此，成功并不能将他们的自尊提高多少。低自尊的人一旦失败，会直接影响他们对自己的看法，他们将不会再坚持把事情做下去或不再去尝试。

日常生活中的一些小波动一般不会影响自尊维持初始水平。但生活中的一些大事（要心怀希望）或个人做出要改变的决定

（此决定将使他的生活中出现一些新的事物）能够令自尊发生很大的变化。

在《新忏悔录》中，英国作家威廉·博伊德讲述了当他感觉“不快和逆来顺受”（自尊受到折磨的两大标志）时，他如何尝试调动自己的积极性：“我努力恢复自己与生俱来的乐观精神，让自己重新觉得自己有价值。没有自尊，一切都做不成。”接下来，我们就要告诉你个人如何努力调整自尊。

如何调整自尊?

我们建议可以在三个主要方面进行努力，每个方面包含三个特定向度，我们把这些向度称为“要点”。

每个方面及每个要点都有其重要性，但可能不是所有的方面和要点你都需要改进。

另外，要注意保持这三个方面的平衡。我们经常遇到一些人在某一方面用力过猛，这导致他们要么过度自省（比如拼命参加个人发展培训），要么过于热衷交际（比如拼命参加社交活动），要么过于投入行动（比如工作狂）。

当然，不存在快速又毫无痛苦地调整自尊的神奇秘方，这一点大家都清楚。实际上，作为心理治疗师，经验告诉我们，万事开头难。我们建议首先只选取一个目标去努力攻克。问题的某一部分有了变化之后会引起连锁反应，让你学会如何行动，之后就可以按同一方式继续。

自尊的九大要点

方面	要点
与自己的关系	1）认识自己 2）接受自己 3）对自己诚实
与行动的关系	4）行动 5）不再“自我攻击” 6）接受失败
与他人的关系	7）自我肯定 8）换位思考 9）依靠社会支持

改变对自己的看法

要点1：认识自己

苏格拉底经常说“认识你自己”。这是关于自尊的首要要求。这个要求既包括认识你对自己的看法，也包括认识你将自己展现给外人的方式。注意：这不是要你迷失在自省之中，而是要你认清自己的能力和局限。

“周哈里窗”是心理治疗中用来进行自我思考的工具，它对我们进行自我认识很有帮助。“周哈里窗”假设自我认知存在四个区：

▸“开放区”：即自己知道，周围人也知道的部分。例：“人们说我是一个忠于朋友、乐于助人的人。是这样的，我同意。”

▸“盲区”：关于自己，别人知道，自己却没有清楚地意识到的部分。比如，人们可能会这样说你：“这是一个聪明的女孩，但太容易生气了”，而你却觉得自己是一个和蔼可亲但不那么聪颖的人。

▸“隐藏区”：关于自己，别人不知道，但自己却知道的部分。例：“我是一个很爱嫉妒别人的人，并且对自己没有一点信心。表面上看我是一个放得开、轻松自如的人，其实我总是在怀疑自己，并把这种怀疑小心谨慎地隐藏起来不让别人发现。”

▸“未知区”：关于自己，周围人和自己都不知道的部分。在某些新情况下，某些个体会“发现自我”。例：“别人托付给我一些责任，我发现我很喜欢，并发觉自己有能力成为领导。”

周哈里窗

	自己知道	**自己不知道**
别人知道	开放区	盲区
别人不知道	隐藏区	未知区

人们认为，只要一个人的“开放区”扩大了，他的自尊就会增强。为此，应该：

▸ 将“盲区”转化为“开放区”：为此需要善于聆听，能够请求周围人对自己提出意见。即使别人对我们提出了批评，我们也要对他们表示感谢，因为这让我们更了解自己：“嗯，听着，你对我说的并不悦耳，但我要感谢你的坦诚，让我知道这些对我来说是很重要的。”

▸ 将“隐藏区”转化为“开放区”：其主要工具是自我披露，即毫不犹豫地表达自己的想法和感受，即使我们并不确定所说的与对方是否一致或能否令对方高兴：“我必须要对你说我和你想的一点也不一样。”这种自我披露态度的另一个好处是：这能够把我们的想法和感受与事实进行比照。通常，这可以令我们改正错误。当然，在进行自我揭露的时候，要小心谨慎、注意措词。社会生活中不可能一点虚伪都没有。你没必要叫喊：“啊，从我们上次见面到现在，你怎么老了那么多！”或者说：“我觉得老板的发言完全跑题了！”

▸ 将“未知区”转化为“开放区”：让自己进入不熟悉的环境和尝试新的经历，这些都是大有好处的。

能帮助你更好地认识自己的几个问题

请问自己如下问题，同时想一想用什么样的方式告诉你周围的人。如果你的自尊偏低，我们知道你一般很少谈论自己，谈论时也是用一种十分或过于中立、“折中”的方式进行：考虑一下为自己的自画像增添一些棱角和色彩吧！

- 我喜欢/我不喜欢

你是否能够清楚地确定喜欢什么、不喜欢什么？你如何与其他人谈论这些？你如何去接受与自己不同的观点？

- 我了解/我不了解

哪些领域你掌握的知识超过一般水平？你如何将这些知识传授给其他人？你敢不敢就你不了解的领域进行提问？

- 我的失败/我的成就

你是否能够谈论自己的失败，同时不使自己的价值受到贬低？你是否能够谈论自己的成功，同时又让人觉得你不是在自我炫耀？

- 我的缺点/我的优点

你是否能够确定自己的缺点和优点？在必要的情况下，你是否能就自己的优缺点进行评价，并且没有半点吹嘘或哀叹？

要点2：接受自己

认识自己只是第一步。面对已经确定的缺点和不足，接下来该做什么呢？与我们通常认为的相反，拥有高自尊并不需要没有任何缺点，而是要能够接受这些缺点并予以改正。如何解释有些人能够接受自己的缺点，而另一些人为此感到十分羞耻以至于“自尊备受折磨”呢？精神病学家和心理学家曾对负罪感进行研究，负罪感是对自己做的事情产生悔恨，并由此带来羞耻，伦理学家和哲学家认为这一心理活动混淆了“我们做了什么”与“我们是什么”。负罪感与自尊有着十分紧密的联系。

羞耻之心把对缺点的意识转变为情结。如果有人邀请你跳舞，而你不会跳，给你两个选择：要么你为此感到羞耻，不承认自己不会跳舞，随便编一个不跳舞的借口。然而，这会带来三个弊端：你自己会感觉不自在，邀请你的人也有可能会感觉不自在，并且如此一来你也没机会学习跳舞；要么你承认自己不会跳舞，如此一来情况就不一样了：你的内心更平静了，对方也会对此予以理解，也许还会提议教你跳舞。

在我们进行心理治疗的过程中，经常会遇到这类问题，比如那些害怕脸红的腼腆的人就有此类问题。只要他们脸红是因羞耻产生的（“这样很荒唐”），他们就不会有任何进步：“我必须把它隐藏起来”的念头一直萦绕在他们的脑际，于是他们把自己困在了自己的问题中。进行治疗的目标之一就是让他们不再将注意力集中在自己的问题上，并且能够谈论这些问题（自发地或是回答别人的提问）。

沉默和孤独是羞耻感的两大帮凶。一旦你决定将令你羞耻的问题讲给一个选定的人听，你就已经克服了前进道路上最大的障碍。正如印度作家维·苏·奈保尔在一次访问中说的：“我知道，在人们承认自己羞耻的那一刻，羞耻感也就随即消失了。”

要点3：对自己诚实

在前面有关心理防御机制的章节中，我们已经看到有时个体会借助一些小手段来欺骗自己从而保护(至少是短期内)自尊心。其中最常用的心理保护机制是否认。

当你乘车时，司机的驾驶速度对你来说过快。你有些害怕，但却不敢说出来。司机觉察到你害怕，问道:“你不害怕吧?”你怎么回答?

你在等待竞聘某个职位的考试结果。你获知没有得到这个令你垂涎的职位。一个同事走近你说:“没有太失望吧?”你怎么回答?

你正提高嗓门对一个亲友说话，因为他做了令你不快的事情。他问你:“你没生气吧?”你怎么回答?

在这三种情况下，为了不有损自尊，你可能会想要否认自己的情绪：不承认自己害怕、伤心或生气，这些是社交礼节的一部分。但是，在这些社交礼节的背后，经常会隐藏着自尊的问题：我们特别希望在承认自己情绪的同时，不会感到丢脸。

面对威胁到自尊的事情时，我们会观察到两种否认的反应:自卫(“其实根本不是这样!”)和屈服(“是这样的”)。在第一种自卫的情况下，人们会倾向于执拗地否认自己的情绪状况:就是承认自己很看重某些目标(“我一心想要被录取”)，某些苛求(“我不喜欢人们做令我不快的事情”)，或是某些局限

（“我坐车会害怕”）。在第二种屈服的情况下，人们会对自己撒另一种形式的谎：从否认有想法变成否认自己为了改变而尝试行动。因此，他们的说辞以认命（“不管怎样，我们都改变不了任何事情”）和平庸化（“我达不到我所希望的目标，不重要”）为主。

在进行心理会诊时，有些病人也总是这么说，让心理医生感觉到他们有点问题，进而找出问题所在。比如，一个年轻女子在每次抱怨完时都会强调说“不论如何，事情是这样了”来解除心理医生的防备，表明她接受这些问题，使心理医生也接受她逆来顺受的世界观。一位年纪较大的男子（被妻子送来治疗，妻子对他的焦虑已经感到厌烦）采取的则是另一种截然相反的态度：当他讲述完一个问题，心理医生刚要接话时，他赶忙将问题缩小化（“实际上，问题没有这么严重，我不希望给你留下夸张的印象”）。在心理医生进行了三个月的观察后，他才终于能诚实地直接谈论自己的痛苦。

自我欺骗的两种方式

不承认自己的消极情绪	不承认想要改变现状
“我没有生气”	“生活就是如此”
“我没有感到失望”	“要习惯”
“我没有忧虑”	“事情就是这样”

改变与行动的关系

要点4：行动

行动是维持自尊的操练。大的成功必然会提升自尊，但并不是每天都能获得工作上、感情上或运动场上的成功。然而，日常生活也为我们提供了大量的目标，这些目标可能并不远大，但一旦目标达成，就会令我们的自尊得到改善。

比如，将出于个人选择或健康原因不再开车的老年人与那些没有停止开车的老年人进行比较，我们发现，在同样的年龄及健康水平的条件下，那些不再开车的老年人身上发出的抑郁信号更多，他们的自尊受到的损害更大。

因此，请你将平日里的一些工作看成是进行提升自我控制能力和助你成为自己希望的人的手段，而不是简单的苦差事。当某些人对我们说“每当我做家务的时候，我就感觉稍好一些”或“当我心情不好的时候，我就会干一些零活”时，他们就是这么想的。

你会说：目标不远大，收获也不会很大。但洗完碗筷后心情变好一些要比一直心怀忧愁以至于重要的工作都无法着手强得多。更不用说在一个小领域投入行动就像是赛前热身，可以帮助你接下来投入到更严峻的工作中去。

一个低自尊但很能幽自己一默的病人向我们如此讲述了她在行动方面的问题：“我是不行动的专家。我甚至能就这一主题写本书。比如，我可以将四大秘诀传授给我的读者：思前想后、不断重复、抱怨以及什么都不做……”

然而，要避免让一些小的行动阻碍了你去完成那些重要的、紧急的事情，比如学生将时间花在整理课上所讲而不是去学习课上所讲上，员工一早开始工作时细致地回复邮件而不是打紧急的电话。

另一种行动的方式是成为某一领域的专家。在很多关于自尊及个人健康的论文中，我们都可以发现这条建议。有规律地从事一个业余爱好有利于自尊，同时还可以提高对自己个人能力的看法，提升自己的社会认可度（比如将烹饪作为自己的特长）。研究还表明，练习武术有利于增强自尊。

因此，为了改变，行动是必不可少的。一切都是通过对行为的具体调整开始的。停留在思想层面的改变是毫无用处的，自尊也不会因此得到持续有效的调整。一个落实到行动的计划，不论它是意义重大还是无足轻重，对于未来的有利影响比仅停留在意念层面的计划大得多。说到底，所有要改变的决定一经做出，在下一分钟就应该立马落实到行动上：拿起话筒、开始写信件、立即走出家门，等等。

要点5：不再“自我攻击”

36岁的儿科医生艾洛蒂说：“我花了六年时间来写我的医学博士论文。每次我都觉得没有准备好，高度不够。为此，我还更换了三次主题。我的问题很简单：每次开始写论文，没写几行，我就觉得不满意。我的博士论文导师们对我说这个选题很好，我们可以就此选题发展出很多东西，但这些都无济于事。我为此筋疲力尽，就像内心有一个声音一直重复对我说这个选题不好、行不通。我想象着评委翻着我的论文噘嘴表示不满。幸运的是，我的最后一个导师恼火了，对我说：'每个人都有自己的工作。你的工作是写论文，而我的工作是对你的论文进行评价！'他的这番话使我不再将两者混为一谈。我曾惯于一边行动一边评判我的行动：长此以往，我们将一事无成！"

"自我攻击"是所有我们对自己批评性的成见。这个成见通常是父母话语的内化，源于我们童年时期所听到的东西。"自我攻击"有好几种形式（事前："这有什么意义？""这行不通"；事后："太差了""没有一点用""不够好"）。

自我攻击及其对自尊的影响

自我攻击	对自尊的影响
"这没有用，这有什么意义"	使我们打消尝试的念头
"这行不通"	担心或是追求无意义的完美
"太差了"	降低自尊
"没有一点用"	使我们打消重新开始做的念头
"不够好"	不满意

面对自我攻击能做些什么呢？首先，要意识到“自我攻击”的存在。你要明白你的这些困难不仅源自你的任务，还源自你自尊方面的问题（“只有做到完美，我才觉得自尊得到了保护”）。其次，要习惯于对内心的想法进行如下的思考：这个想法现实吗？这个想法是否让我自我感觉好一点？这个想法能否让我更好地应付现在的处境？这个想法是否有助于我下一次更好地应对？

对抗自我攻击时向自己提出的四个问题
（一位35岁的男子对自己在前一天晚上派对上的表现不满意）

“昨晚，我表现得不够好”	回答	策略
这个想法现实吗？	我不知道，我只知道自己的意见。	我要问问其他人对此怎么看。
这个想法是否让我自我感觉稍好一些？	不，这个想法令我难过和焦虑。	停止思前想后，我要行动：“现在怎么办？”
这个想法能否让我更好地应付现在的处境？	不能，我龟缩不前。	我要试试马上给朋友打电话。
这个想法是否有助于我下一次更好地应对？	不，反而增加了我的困难。下一次，我会更不自在。	我思考下一次派对：“怎么做才能使自己不再对自己不满？”

要点6：接受失败

“失败是一个小小的成功。”这句格言出自1998年在攀登印度布洛阿特峰（8407米）时意外去世的登山运动员埃里克·埃斯科菲埃。埃斯科菲埃生前是个“力量惊人，令其他登山运动员害怕的怪物”。1987年，他遭遇了一场严重车祸，从此半身不遂。但具有挑战精神的他（说明他属于高自尊）继续登山，直至意外死亡。

一般来说，没有人喜欢失败。然而，为了改变，我们必须采取行动，因此我们要承担失败的风险。正如我们的一位病人所说：“我们要接受的不是失败，而是会失败这个念头。”有时候，当心理医生认为病人需要经历失败才能去除心理障碍时，会“特意要求”他失败一次，而不是让他不惜任何代价地避免失败。

我们对塞巴斯蒂安就是这么做的：他来我们诊所咨询，因为他依靠服用抗抑郁药治好了抑郁症，但很不放心，害怕抑郁会复发。他觉得患抑郁症的经历令他变得脆弱。在他眼里，他是因为缺乏自信而引发抑郁症，抑郁症反过来又令他更加不自信。

害怕失败和自信不足的心理一直困扰着塞巴斯蒂安。在与他深入交谈之后，我们发现了他的恐惧的来源：他的父亲是一个焦虑而专横的完美主义者，对孩子的评价总是很严苛。孩子们的成绩单会在一家人吃晚饭的时候被大声地念出来，没考好的孩子就遭殃了，即使只是相对来说成绩差了一点点。他从来不鼓励自己的孩子，因为“好好学习是分内的事”。因此，塞巴斯蒂安形成了一种极为严格的训令式思维：“你应该一次就学会”“你永远都不能犯错”“你必须要掌握所有知识”，等等。他的自尊水平低得出奇，总是害怕自己表现得不好。

在治疗的时候，塞巴斯蒂安很清楚自己问题的原由，但显然他不能改变自己看待问题的方式。我们采用了被认知心理治疗师称为“现实检验”的治疗方法：通过现实来检验预言是否成真。换句话说，让他真的失败一次，看看成人后的失败是否和童年时的失败一样可怕。

在说服了塞巴斯蒂安并征得他的同意之后，我们决定让他进行三次“检验”，在每次“检验”中，他都要让自己失败：(1)去一家电脑商店，告诉售货员他完全听不明白他的解释；(2)去自己所住街区一家熟悉的商铺，假装在挑选完东西后才发现没带钱；(3)故意遗漏工作周报的一部分，不做好充分准备。这三次检验的难度是递增的，但我们都事先确认不会引起太大问题(包括工作周报)。

塞巴斯蒂安完成了检验，发现失败并没有招致任何灾难，他的自尊反而提高了：售货员承认自己解释得不太清楚；商人笑了笑让他先把东西拿走，下一次再来付钱；同事们则对他表示问题不大……

渐渐地，塞巴斯蒂安成功地消除了因过度害怕失败而束手束脚的心理障碍。他的抑郁症因此也加速痊愈。

如何现实地看待失败

将失败看得过于严重：灾难式想法	把失败看成有益的：现实的想法
失败一定是彻底的 “这是灭顶之灾”	失败是一件不愉快的事 “这很讨厌”
失败一定是不可改变的 “我永远没办法应对此种情况”	失败只是一个阶段 “我必须要进步，以后面对这种情况就不慌了”
失败一定是无法挽回的 “后果无法补救”	大部分失败是可以挽回的 “有什么不良后果吗？”
失败总是危险的 “听之任之，让自己习惯于平庸”	不存在失败上瘾 “没人喜欢失败，不可能习惯于失败”
失败一定会招致嘲笑 “我的形象因此被彻底破坏”	失败并不可笑 “别人也许看出我还有待提高”
失败一定会让别人对你失去信任 “这以后，别人再也不会信任我了”	将来的成功会让人忘记过去的失败 “人们会看到我有其他长处，以后可以成功”

以下是几个如何应对失败的建议：

▸ 看待问题非黑即白（二分思维）。这是缺少行动力的人身上最常见的问题之一。除了巨大的成功和灾难性的失败，他们想象不到还有什么其他结果。由于他们很清醒地看到自己不能获得成功，于是预计自己会遭受灾难性的失败。大多数情况下，只需要调整一下对失败的看法。

▸ 记住每个人都曾经失败，正在失败或将会失败。我们的社会对于失败的态度很虚伪：当人们庆祝成功的时候，经常会忘记提起成功之前遭受的失败。于是，很多人以为别人没有失败过。但成功的人一般是以失败开头的。我们经常参加精神病学大会，注意到很少会听到大家谈论某个方法的失败，然而讨论失败的方法和讨论成功的方法一样有意义。在与年轻的心理治疗师讨论的时候，他们经常告诉我们，他们听从资深医师的建议并尝试他们推荐的方法，但不能达到同样的效果。于是他们得出结论，自己是资质平庸的医生（自尊受到打击）。实际上，有经验的心理治疗师可能对自己初期的摸索闭口不谈，而只展示好成果（自尊得到提升）。

▸ 从失败中吸取教训。将你的失败看作了解自己的信息来源，而不是自己无能的证据。如果你可以达到此种心态，每一次失败都会使你离成功更近一步。

改变与他人的关系

要点7：自我肯定

自我肯定是指表达出自己的想法、愿望、感受的同时又尊重别人的想法、愿望、感受的能力。它是可以不带挑衅地说“不”，是不带歉意地去要求某些事情，是面对批评冷静地回应，等等。

20世纪60年代末期，关于自我肯定的早期研究表明，自我肯定不仅可以让我们得到自己想要的东西，为自己赢得尊重，还可以令人自我感觉良好，提升自尊。自我肯定需要足够的自重，这样才能为自己在别人面前争取权利（表达权、反驳权、回应权、要求权，等等）。然而，为自己争取权利，要冒着打扰对方，令对方不快的风险。

这就是为什么低自尊者（他们十分害怕遭到排斥）比其他人更难自我肯定："如果我拒绝，对方会生气"，"如果我说出自己的真实想法，我们会闹翻"。

低自尊与缺乏自我肯定

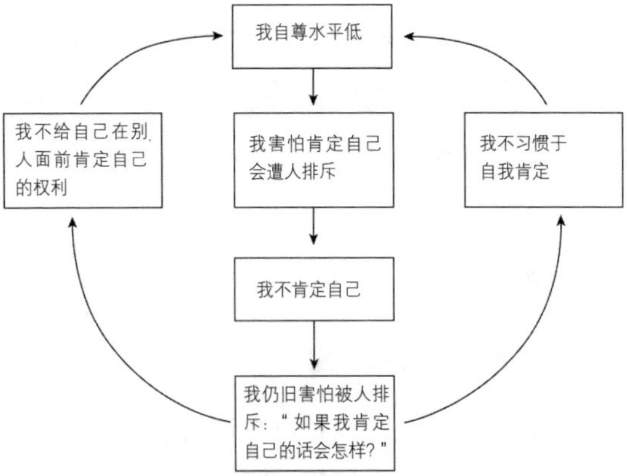

当一个人不能自我肯定的时候，他就会采用其他的人际关系行为：

抑制行为（奴颜婢膝）：忍受与他人的关系，不敢表达自己的想法或感觉，相反，习惯于全盘接受别人的想法和要求（不懂得拒绝是主要特征）。这种行为总是跟低自尊密切相关。

攻击行为（“刺猬”）：强调自己的需求和观点，而忽视他人的需求和观点。遭遇对方的抵制的时候，会毫不犹豫地与之争吵或进行威胁（“我不能忍受他人的反驳”）。这种行为总是与不稳定的高自尊（“我的需求必须得到尊重”）密切相关。有时，在低自尊的人怒不可遏的时候，我们也能从他们身上看到此种行为。

学会自我肯定必然会提高你的自尊。但当你学会如何自我肯定后，你就有了选择余地，有时你会选择不只顾自己的感受/想法！“与其光顾着让自己高兴，不如做对的事”，懂得用暂时让步来避免一场无用的争执也是高自尊的表现！

要点8：换位思考

换位思考是一种倾听、感受、理解、尊重他人观点的能力，即使我们并不能够完全同意他人的观点。比如，换位思考时我们会说：“我十分明白你想说什么，但我不一定与你想的一样。”

真诚的换位思考为自尊的发展提供了巨大的动力。它使我们可以与他人保持亲近的关系，得到他人的欣赏。同时，它还能让我们更容易自我肯定：如果我们表现得能够倾听别人说的话，别人也就更愿意听我们的观点。

当一个人的自尊较低时，他可能会更注意去倾听别人，有时竟到了忘记自我、不顾自己利益的地步。低自尊的人的退缩和屈服体现了他们希望通过倾听别人来“换得”别人的赞许的需求。这就是我们所说的“过度换位思考”：总是倾听，不会进行自我肯定。36岁的弗兰克的陈述很清楚地说明了这点：

“我过度倾听别人的想法，当别人对我提出要求的时候，我会竭尽全力做到令他们满意，而且不是违心的，我确实想那么做。但当我回顾自己这一辈子，我发现我倾听别人的时候很多，让别人倾听我的时候不多。我跟一个朋友说了这个想法。一天晚上，我们参加了一个派对，这个朋友整晚都在观察我，她对我说：‘我一点也不意外。当你跟别人交谈的时候，你知道自己说了些什么吗？你总是在说：我理解，完全正确，没错，当然……你从头到尾都在赞同他人。’她说得对，我发现我总是注意赞同他人，而不是让别人听我的观点，我好像觉得这两者相互矛盾……”

要点9：依靠社会支持

在本书中，我们多次谈到社会支持，包括我们与周围所有人之间的关系以及从这些关系中获得的帮助。再次重申，与他人的关系是自尊的一个基本要素。理论家们常说，社会支持由四个“成分”构成：尊重的支持（“我们知道你是一个不错的人”）；情感的支持（“我们在你身边，我们爱你”）；工具性支持（“我们会帮你”）；信息的支持（“这条信息对你有用”）。社会支持会为自尊带来两种宝贵的养料：被爱的感觉和被帮助的感觉。

怎样发展自己的社会支持呢？下面是几个建议：

寻求支持不要犹豫，但要理解有时人们不能立马给予你帮助。社会支持不是可以永远依赖的拐杖。

经常使用你的社交人脉。不要只是利用社会支持来博取同情或遭遇严重挫折时寻求安慰。

使社会支持多样化。亲朋好友不是唯一可以提供社会支持的人。我们的交际圈是一个三环同心圆：至交、同事和同学、认识的人。这三类人都具有不同程度的重要性。研究表明，失业的时候通常是在认识的人（社会支持最外围的一圈）的帮助下重新找到工作。

改变的策略

你准备好改变自己了？太好了！以下建议对你实际着手改变会很有帮助。

将抱怨转变成目标

这个方法一点也不新鲜，但非常有效。只要改变一下自己的表达方式，说“我希望”，而不是“我受够了”。为此，你必须思考你的抱怨背后隐藏的是何种需要，然后找到解决办法。

这种策略经常用于对于抑郁症的认知治疗，在治疗过程中，每当患者受抑郁之苦而发出抱怨的时候，心理治疗师都会试图让患者明确表达自己的目标：

- 医生，我对什么都没有兴趣。
- 你的意思是？
- 我以前做的一切事情都不能引起我的兴趣。
- 你想对某些活动重新产生兴趣，对吧？
- 是的。
- 你能具体说说是哪些活动吗？
- 一些很简单的事：遛狗、读报、做饭、给朋友打电话……
- 我明白了。我们可以把这作为我们治疗的第一个目标：让你重新体会到做这些事情的乐趣，好吗？

选择适当的目标

选择目标不当通常是失败的首要原因。当然，你要对失败宽容一点，但对于因目标定位不当而带来的失败，大事化小是没用的。

为增强自尊选择目标时的技巧

目标适当的例子	目标不适当的例子
取决于你 (经常邀请朋友)	取决于他人 (经常受到邀请)
可以定期重复 (每周散步两次)	只能偶尔进行 (去接受海水浴治疗)
现实 (参加表演课程)	不现实 (成为明星)
明确 (当工作中遇到不明白的地方，总是敢于寻求帮助)	笼统 (对自己更有信心)
对你有益 (和朋友一起去度假)	对你益处不大 (重新给地下室的门上漆)

分阶段进行

我们已经看到了，幻想并不是对达成目标行之有效的方法，但它还是有好处的：它向我们展示了我们向往的理想。但由于这个目标往往距离我们的现实情况有些远，当我们意识到巨大的差距时，可能会失去为改变而努力的勇气。办法是将起点与目标之间的差距分解成若干阶段。

比如，设想一个人在以下表格中写下现实和理想。

令人泄气的差距

现实	理想
我不满意我的感情生活	遇到一个挚爱的人
我对我的工作感到厌烦	有一份热爱的工作
我总是跟同样的人来往	结交很多人
我总是感觉压力大	要总是保持放松

这样的表格可以帮助这个人，还是相反令他更加抑郁？一个这样的表格能否对如何行动提供具体的指示？当然不能。实际上，这个表格需要加上一列，我们可以称之为“中间阶段”。

分阶段达成目标

现实	中间阶段	理想
我不满意我的感情生活	多与公司女同事（男同事）说话	遇到一个挚爱的人
我对我的工作感到厌烦	申请继续培训，回复招聘广告	有一份热爱的工作
我总是跟同样的人来往	报名加入运动俱乐部或跳舞俱乐部	结交很多人
我总是感觉压力大	每周做一次瑜伽或其他运动	要总是保持放松

治疗

“我对我的生活不满意，我不知道该做些什么去改变它，而且，我很难区分哪些是客观上难以让人忍受的，哪些是因为我反应不当而无法忍受的。”

“我也弄不明白，因为我的精神状况会随时间的变化而改变。可以说，早上的状态跟晚上完全不一样。”

“我需要别人帮助我成长，因为我独自一人感觉自己没有任何长进，我不知道如何着手，因此次次都不可避免地重蹈覆辙，被同样的感觉和情绪一再侵扰，甚至击垮，我不明白为什么摆脱不了这些情绪，根本无法控制。”

什么时候去治疗?

以上是一位病人来信的节选，正如我们看到的，有时，独自一人很难调整自尊。

如果你常有这些情绪：不满意、抑郁、悲伤、无能为力，或者你觉得有些问题总是重复出现：情感或职场上的失败、面对渴望达到的目标行动总是被压抑，等等，进行治疗对你是有好处的。

如果你身上某些问题在加重：抑郁、焦虑、酒精依赖等，进行治疗对你也是有好处的。

有时，刺激你去进行治疗的是你身边的人：配偶的抱怨或威胁、上级或同事的批评、当你向朋友倾诉时朋友的建议。

治疗的结果会怎样?

实际上，改善自尊是所有心理治疗的直接或间接目的。但是，心理治疗不是魔术，你最好了解清楚它能给你带来什么：更好地认识自己，更好地表达自己的想法，慢慢地调整日常生活中的行为；以及它不能保证什么：让你快速、不费劲地就脱胎换骨，立马取得成功。

选一个好的心理治疗师

心理治疗对于很多人来说都是一个神秘的领域，规则很奇特（“医生从来不回答我的问题”），从业者——心理治疗师——都是一些奇怪的人。

要知道，与精神病科医生或心理学家不同，至少就目前而言，心理治疗师并没有“正规文凭”的。因此，随便一个人都可以自称为心理治疗师。当然，文凭并不是绝对的保障，我们认识一些很好的心理治疗师，他们既不是精神病科医生，也不是心理学家。但是，如果没有文凭，你有权质疑心理治疗师的从业经验和合法性。

病人的权利

作为病人，你有一些不可让渡的权利：

- 被倾听的权利。如果你的心理治疗师很明显不听你说话，并且是经常性的（每个人偶尔都会感到疲倦）；如果他经常显得很着急或被你的话惹恼，你得考虑他是否有能力帮助你。
- 你的问题要求得到解答的权利。这个心理治疗师是从哪个学校毕业的？有哪些文凭？他使用哪些方法？他为什么使用这种或那种技术？
- 要求获得知识现状下最好的治疗的权利。心理治疗同医疗一样，承担诊疗“义务”，但不保证结果。心理治疗师不能保证把你治愈。但如果他同意对你进行治疗，他就必须承诺尽最大努力。

心理治疗师的义务

我们认为，好的心理治疗师应具有以下几个重要特点：

- 他不会马上对你进行治疗。
- 他会向你解释他是如何看待你的问题的。
- 他会向你解释治疗将会怎样进行。
- 他会与你一起制定一些现实的目标。
- 他会接受或鼓励你提出问题、发表意见。

- 他不会试图成为你的朋友或精神导师。
- 他不会故意说其他治疗流派的坏话。
- 他接受你中断治疗，并且不会试图让你产生负罪感和焦虑情绪，但他会先告诉你他的意见。

> **什么是心理治疗?**
>
> 心理治疗不应该是一种针对性不明确、治疗结果亦不可测的不确切的技术。

不同种类的治疗

药物

在谈心理治疗之前，我们想提一下药物问题。药物能对自尊产生作用吗？按理说，答案似乎是否定的。自尊是大量心理现象合力作用的结果，因此，现今没有任何一种药物能够声称可以改善自尊。世界上没有幸福药，也没有自尊药。

然而，有的药物治疗——主要是抗抑郁药物——可以间接对自尊产生影响，比如通过改善抑郁者的精神状态或平复恐怖症患者的焦虑。有人甚至提出假说，抗抑郁药物中很特别的一支——血清素源性药物——可以提高大脑中血清素（一种重要的神经递质）的含量，能对自尊提升产生作用。这还有待今后证实。

心理治疗

心理治疗的原则很简单：在专业人士的帮助下对自己进行反思，形成新的思考方式和行为方式，更符合我们的渴望。

自我认知和自尊的改善是所有心理治疗的共同结果，至少在治疗成功的情况下是如此，但是在治疗过程中为达到目标所使用的方法各不相同。心理治疗大体分两类：精神分析治疗和行为认知治疗。

精神分析治疗更接近一般人想象当中的心理治疗：这种治疗鼓励患者向心理治疗师述说自己的过去，治疗师本身很少说话，也不给出什么实际的建议。

行为认知治疗出现的时间较晚，此种治疗由互动性更强的心理治疗师进行，治疗师表达自己的看法，给出建议，并推荐一些培养新的生活方式的技巧。

两类心理治疗

精神分析治疗	行为认知治疗
集中在过去，或者是过去与现在之间	集中在当前
重温和注重理解个人过去经历中的重大事件	注重获得解决当前问题的能力
治疗师态度中立	治疗师与病人互动
治疗师对患者的心理问题和治疗很少给出具体信息	治疗师经常对患者的心理问题和治疗给出具体的信息
目标和期限不确定	目标和期限明确
主要目的：调整病人隐藏的心理结构（由此改善病人症状和行为）	主要目的：改善病人症状和行为（由此调整深层心理结构）

行为认知治疗的原则之一是对过去的研究并不足以解决问题。我们经常遇到一些患者，他们十分清楚自身问题的根源，但并不能够因此就消除这些问题。因此，行为认知治疗的目的在于教给患者改变自身行为和想法（“认知”）的方法，让患者尝试更符合自身期望的新的生活方式。

例如，治疗一个恐怖症患者，心理治疗师在了解了恐惧的来源之后，会帮助患者一点点地去对抗他所害怕的东西。对于自尊方面的问题，心理治疗师会依据情况，试着帮助患者去更多地采取行动，减少贬低自己的想法，在别人面前能够更多地进行自我肯定。

通常来说，行为认知治疗师是介入和互动的：他给出自己的意见和建议，鼓励患者做出努力。患者需要相应地付出努力，这对于低自尊的人来说并不容易，比如，那些不投入到行为认知治疗的善饥症患者就是些自尊极低的人。

以下是卡特琳娜的一段故事，她曾经接受过行为认知治疗。她在与别人接触时有社交焦虑障碍和腼腆的问题，因此她36岁的时候找到了我们进行治疗。

“我来自于法国西部一个十分贫困的乡村，在家里六个兄弟姐妹中排行老三。我们六个人都接受了严酷的教育，父母对我们从来都不温柔，也不表扬我们。说到底，那个阶层太粗野。我们一家人除了租的田和农活，别的什么都不谈。我一直想逃离这种生活。一想到就这样过一辈子我就恐惧不安，仿佛给我判了死刑。

“幸好，我是好学生，成绩在班里名列前茅。这里是唯一能令我听到舒心的话的地方：这个学生聪明、用功、自律。我进了大学，学了法律，在一些大公司担任法务的职位。

“我曾认为，长大成人，远离家人，一切会变得妙不可言，但我失望了。我发觉自己不仅童年过得很痛苦，长大了已经无法享受幸福。我无法在恋爱中获得喜悦，总是对自己的工作不满意。因此，我不停地换工作，换男朋友。别人觉得我骄傲自大、挑剔：他们以为我想得到更好的。事实上不是那么回事：我怕自己不够好。

“比如，当一个男人爱上我时，他爱上的是我的形象，而不是我这个人。当我认识到这一点，害怕关系继续下去会令他失望，于是与他分手。在工作中也是如此，我总是害怕最终掩饰不了自己的真面目。

“尽管外表看起来挺好，但我从来不相信自己。我不爱我自己。别人觉得我长得挺漂亮，但是我记得很清楚，我曾羡慕那些不如我漂亮，但在我看来却更有魅力、更有女人味的朋友和同事。我想变成另外一个人。我所欣赏的别人身上的长处，我一样也没有。”

卡特琳娜过分担心别人对她的评价——我们称之为“社交焦虑障碍”——同时她还有暴食症和周期性抑郁症状出现。她的心理治疗师很快诊断出这些疾病的主要根源是她有严重的自尊问题。因此，他建议她进行“双焦点”治疗，即通过治疗同时达到两个目标。

治疗的第一步是自我肯定小组治疗。这种小组由八名病人组成，病人们通过角色扮演再现日常生活中的场景。参与者通过训练学会与他们的需求相符的交流方式。比如，卡特琳娜学会了拒绝过分要求，谈论自己时不再自我贬低，即使在担心对方和自己的想法不一致的情况下也能表达自己的感受和观点。而在治疗之前，她总是害怕不知道如何回答别人的问题，害怕讲的东西太无趣，害怕自我肯定会被人排斥。

在单独的认知心理治疗中，卡特琳娜调整了自己的“顽固想法”：“如果我向别人展示出真实的我，我会遭到排斥或被嘲笑”“我没有什么优点，不能长久地吸引一个人”“被别人接受的唯一方法就是屈从于别人的观点”。她在心理治疗师的帮助下认识到自己的这些“信念”促使她采取了降低自我价值的态度，而这种态度又进一步佐证她对自己的负面看法。在意识到这些后，她进行了“现实检验”，检验一下她的预言是对还是错。例如，将她的胆怯和缺乏自信的困扰告诉她现在的男朋友，看看她的男朋友是否像她想象的一样不久就会离开她。当然，这事并没发生。在朋友家吃晚餐时，不带攻击性地表达自己对某人观点的不认同。令她吃惊的是，不仅她所反驳的人没有讨厌她，承认她的立场有理有据，而且其他几个一直没说话的人也对她的意见表示赞同。

经过两年的治疗，卡特琳娜渐渐好转了。她的自尊水平提高了：她学会了承认自己的优点并接受自己的缺点。她接受了此前一直不肯接受的管理职位的任命。她与一个了解她的心理问题和缺陷的男友结了婚，这些问题和缺陷是她主动告诉对方的，她觉得没必要隐瞒，也不觉得因此低人一等。心理治疗结束已经三年，她仍在不断进步。她不再受暴食症之苦，抑郁症也没有复发。

行为认知治疗的优点：

- 这是调整行为和思维方式最行之有效的治疗。
- 心理治疗师会提供积极有效的支持。
- 得到了大量科学研究的认可。

行为认知治疗的缺点：

- 需要病人付出努力。
- 需要面对我们畏惧或对我们来说有难度的事物（不一定令人愉快）。
- 不注重理解“为什么我是这个样子”。

分析治疗源于分析心理学，是通过治疗理解和重温过去的经历，以此解决病人的问题，这些问题往往以某一人生阶段的“心理障碍”的形式存在。这种心理障碍导致“强迫性重复”，换句话说就是不自觉地重复制造童年时没有解决的问题。

这种治疗的主要目标是帮助病人意识到自己的问题背后隐藏的意义，说到底就是让病人更好地认识自己。病人对他的心理治疗师产生的感觉和想法（精神分析学家称之为移情）也是治疗过程中不可分割的组成部分，使病人能够重温和理解自己与童年时期遇到的重要人物之间的关系，这些关系是成年后人际关系问题的根源。

心理治疗师的治疗方式是中立的，叫作“善意中立”。在所谓的“典型治疗”（最完善的分析治疗模式）中，精神分析学家很少介入，不给予任何建议，但会向病人提一些问题以促使其增强意识，并提出一些阐释。实际上，很多采用分析治疗的心理治疗师采用折中的方式时，还是会较多地介入。而且，最近的一项研究表明，虽然弗洛伊德叮嘱自己的学生要保持中立，但他本人在治疗自己的病人时也曾积极介入。

以下是36岁的埃马纽埃尔在接受分析治疗过程中的讲述。他家三个儿子，他排行老二。

“我感觉自己一直都被父亲嫌弃。从我记事开始，我脑子里的记忆都是他贬低我，拿我跟两个兄弟相比，他们更符合他的期望。比如，我的成绩一直非常差，我对学习不感兴趣，并且有心理障碍。而我的两个兄弟学习都很好，跟父亲一样。父亲是高级官员。

“所以我母亲对我总是过分保护，像是为了弥补父亲对我的排斥。现在看来，我认为她的做法没能解决问题，反而使得我的父亲对我完全不再关心，认为我是“妈妈的宝贝”，因此也就没有了负罪感。有时，我会梦想母亲死了，父亲终于来照顾我……母亲很不幸，很孤独，父亲一点都不关心她。她默默地活在他的阴影里，放弃了工作，照料孩子和家庭。她在浮华肤浅的社交生活里寻求慰藉，很迷人也很讨人喜欢……

“她把这些本领教给了我，让我从小耳濡目染上流社会的伪装。我都学到了家，能说会道。别人都以为我能力很强，其实并非如此。在学业彻底失败后，我换过很多份工作，遇到了很多像我一样的人：房地产中介，打理服装商店……基本都是同样的套路：利用我的外形打扮、油嘴滑舌和良好教养去讨人欢心。接着，我又失败了，因为我没有把工作做好。我一直以为——也让别人认为——我的失败都是因为懒惰，实际上是因为我没能力。但能力不足解决起来原本很简单：我只要承认自己的不足，向身边的人征询意见，参加一个为期几天的小型培训，就能成功了。然而，我没有这样做，大概是因为我把问题想象得严重得多：我深信自己是个彻头彻尾的冒牌货，所以已经无可救药了。因此，我不会做任何努力争取进步。

“当我遇到我妻子（她是老师）时，我也对她撒了谎。她以为我是个迷失在商界的无人赏识的艺术家。她允许我在家无所事事混了两年，我的借口是要写小说。不用说，我什么都没写出来。很显然，我没那个本事。我当时心知肚明，但这借口可以让我暂时不用工作。问题是，在这期间我们有了两个孩子，还是因为我想像别人一样，“假装”生活一切正常。

“当我们经济上开始出现严重困难时，我找了心理治疗师咨询。很差劲，那家伙在45分钟内没开过口，就对我说了一句‘很好，我们下次继续’，还跟我要诊费。我不想再去，妻子于是威胁说要离婚。当时我没有告诉她，她要是甩了我，对我来说简直是一种解脱。不停撒谎骗人真的很累！有一天，一个朋友给我介绍了他的心理治疗师。于是我去见了这个治疗师，这次很顺利。她向我推荐了面对面治疗。

“一开始，她问了我一些关于过去的问题，迫使我思索那些我从未想过的细节。比如，我父亲的弱点，他对我的责任，而我以前总以为过错都在我。心理治疗师还向我指出，即使在她面前，我还是虚张声势，极力缩小自己的问题，美化自己。一天，她对我说：‘您知道吗，您没必要讨我欢心。’

“治疗一段时间后，我陷入抑郁，因为治疗迫使我直面自己，很可悲。治疗师又给我鼓气，并没有过分关爱，而是让我思考自己的责任。没有人像她这样对待过我：因为尊重我而严格要求我。

“在这段痛苦的经历之后，我开始好转。我不再需要每天装模作样，为自己辩解，时时刻刻装出一副高兴的样子……不再需要去诱惑和蒙骗别人。我有了一个恰如其分的自我形象：朴实、不美化。与此同时，我终于能够开始进步和学习，重建自信……”

经过三年的治疗，埃马纽埃尔如今在一个制药厂做推销员，情况一直不错。他与别人的关系也简单多了：他不再觉得非得讨好和诱惑别人来掩盖自己的疑虑。

分析治疗的优点：

- 使病人很好地认识自己。
- 能解答“为什么我是这样”的问题。

分析治疗的缺点：

- 并不一定能有效地调整行为。
- 通常治疗时间很长。
- 医生很少对病人表示支持。

选择哪种心理治疗？

我们常说心理治疗师的能力与治疗类型同等重要，但这并不适用于所有心理问题。今天我们知道，恐怖症患者适合找行为心理治疗师，比去看精神分析师有用得多，前提是行为心理治疗师有足够的能力，而且，除了极个别的情况，精神分析师通常会把恐怖症患者转给行为心理治疗师。反过来，如果你想弄明白为什么你与父亲的关系如此令人沮丧，为什么至今还令你痛苦，行为心理治疗师可能会建议你去看精神分析师。

然而，越来越多的心理治疗师开始使用所谓的“综合”治疗，即运用出自不同心理治疗流派的治疗方法，在治疗中轮流使用数种方法进行治疗：首先，患者要进行自我肯定，然后思考他与父亲的关系，弄明白自己的自我肯定问题。

我们在本书提出的建议均基于我们作为心理治疗师的经验。希望这些建议能使你思考如何改善自己的自尊。

这些建议并不全面，肯定还有其他办法。

总之，记住这些心理问题并不能代表你的全部，你还需要记住培养和发展你的长处。治疗或个人的改变不仅包括解决问题，还包括巩固强项。

改善自尊的道路因人而异。某些幸运的人走的可能是高速公路，另一些人走的是羊肠小道。但重要的是殊途同归，到达正确的目的地。

调查问卷2——“如何改变”

下表将告诉你在自尊方面你应该做出哪些努力。认真阅读每句话，不要花太多的时间去思考，勾选最符合你目前想法的一栏。评估结果请参阅附录二。

关于自尊的问题	比较符合	不太符合
1 我不太喜欢自己		
2 我很难做决定		
3 我没有得到我所期望的欣赏和认可		
4 我不太清楚自己的价值		
5 遇到困难，我很难坚持		
6 我的感情生活很失败		
7 即使一切顺利，我仍然忧虑重重		
8 我会逃避那些令我局促不安的场合		
9 我太在意别人看我的眼光		
10 当遇到困难时，我经常会生自己的气，有时还会厌恶自己		
11 别人经常指责我逃避行动和“太过火”		
12 我觉得自己经常嫉妒，经常觉得自己对有些人心怀怨恨		
13 在生活中总是选择错误		
14 我无法忍受失败或做事遭到批评		
15 我总是屈服于别人的意见		
16 我对自己不满意		
17 我经常故意令自己失败		
18 我经常批评或攻击别人		
19 我很难找到自己的优点		
20 我经常拖延应该尽快完成的重要事情		
21 有时我觉得自己无意识地挑起事端引发分手和冲突		

结 论

亲爱的医生：

您曾说希望我给你写信，告诉您我的近况。我的近况如下，稍迟见谅，因为最近几个月我的生活比当初去您那儿做咨询的时候积极多了。

从去年搬家以来，一切仍旧很顺利，我觉得自己又有了进步。工作给我带来满足，不太费力地适应了新的工作内容，并没有出现您和我经常谈起的“假冒者综合征”。我发现自己不再一个人闷头胡思乱想，我学会了向别人倾诉自己的怀疑和思虑，不再觉得这样是暴露自己的某种不足。跟以前相比，我会更多地表达自己的意见，也能接受别人的反对意见，不再感觉对方是在羞辱或责备我。还有，我非常清楚地感觉到自己的自尊水平明显提高了，我能轻松地承认“我想得不对”或者“我犯了个错误”。我再也不会因为一个小矛盾而失态！不仅仅在自我防卫这方面有变化，我还能更好地“推销自己的想法”：无论是在工作会议中还是和客户面谈时，我比以前更能坚持自己的观点，而且也不羞于直截了当地表达出来，不会带来不愉快。相反，我觉得现在这个坦白直率的我反而比以前那个唯唯诺诺、谨小慎微的我更受人欢迎。

不过，对我来说最重要的是我感觉精神舒畅了许多，更坚强，更稳定，不再像以往那样长时间意志消沉或自我贬低。快乐的时刻不再像我们多次谈到的“充满焦虑的幸福感”那样，不知道应该归功于什么。也许主要是我的生活态度比原来积极多了。现在，通过对比，我意识到从前的自己在行动方面多么逃避和压抑。自从到您的诊所做咨询，我听从了您的建议：跟同事亲近，主动结识他们而不是被动等待他们接纳我。我邀请他们来家里玩，而不是埋头整理搬家的纸箱和装饰新房子，有的新同事正慢慢成为我的好朋友！我马不停蹄地加入了一个合唱团，没有用“适应期”或疲劳（确是事实）作拖延的借口，投入行动，不给自己犹疑的机会。和您的谈话再次帮助了我，我发现自己在派对和朋友聚会中能够更轻松地表达自己的见解。跟别人讨论的时候，我会讲述自己的经历，向别人提问，不懂的时候承认自己不懂，表现出愿闻其详的兴趣，甚至推翻自己的说法。总之，我感觉自己完全正常。终于正常了！

不过，情况并非天天如此，有的时候我又开始怀疑自己。

这感觉很痛苦，让人迅速灰心丧气。不一会儿，过去的心魔便再度出现，使我重新陷入以往那种苦痛当中。在这种时刻，我清楚地看到自己的进步仍然不够稳固，好状态不易保持，一点点风吹草动就能把我打回原形。区别在于，一方面我现在有了更多可以抓住的东西，没有以前那么孤独，也不怕吐露自己的烦恼或求助（这让我想起您跟我一起做的那些练习和角色扮演游戏，壮起胆子给亲友打电话倾诉心事）。另一方面，我能很快地打住消极的心态，像您多次告诫的那样停止“内心的自我批评”。搬到这里来之后，我有过沮丧灰心的时刻、灰暗苦闷的周日，但我从来没有像以前那样让自己“沉溺”于失败、踌躇和放弃之中。此外，我能更好地发现自己苦闷的缘由，而以前只觉得自己是某种天生的生理或心理问题的受害者，才使得那些黑暗的时刻没来由地降临到我的头上。今天，我能理解和分析为什么会发生这种情况。我更清楚地意识到失望和失败的影响，而过去我不愿承认自己的挫败，总是极力弱化它们。然而，这些进步也有不好的一面（奖牌背后也有暗面）：我变得更加依赖别人的认可和尊重信号，以往我对这些置若罔闻。现在我更强烈地期望不时赢得成功或被人看重，而且会主动争取这些“自尊的养分”。

最大的变化是，慌乱不安的感觉不会持续太久，短则几天，长则数周，只要出现一件开心的事，我就感觉好多了，哀愁变成了“可以治愈”的微恙，不再是“经久不愈”的顽疾。

不过，我仍然比别人更容易哀伤，可能是往日的痛苦留下的伤痕，心理上的伤疤依然疼痛。您说，我有没有可能哪天彻底摆脱这一切？您一定会告诉我有可能。我希望您是对的。总而言之，因为这些问题，我偶尔还是会脆弱，甚至有时怀疑自己的进步，感觉停滞不前。在这种情况下，我会温习治疗时的手册和笔记，认识到自己一路走来多么不易，容许自己骄傲一回。

您一定还想知道我的感情问题。我跟新男友交往半年了，目前一切顺利。在这个方面也有新进展：我不害怕见面，不害怕自己不漂亮（虽然客观说，我还是认为自己不好看），不害怕他对我的言谈失望。每次约会也不像过去那样被我视为巨大的考验。我甚至有时候可以非常自然地面对他，以前跟男性交往从来没有这种感觉。取得这些进步的同时又增添了新的担忧：我有时会害怕他不再与我交往。我变了，过去通常是我主动找茬分手。

以上就是我的近况，希望您听了会很高兴。我知道，您的自尊也跟您治疗的病人的进步有很大关系！我觉得自己已经步入了正轨，而且一天天越来越好。尽管进展不如我想的那么快，但总算是有了通过日常点滴慢慢树立自己信心的感觉，而过去总觉得在毁灭自己。

感谢您帮助我破茧重生。

祝您一切安好。

附录一

“自尊水平自测”结果

这个问卷测试的是什么？

这个问卷是心理学和精神病学研究中最常用的自尊水平评估工具，罗森伯格自尊量表(Rosenberg self-esteem scale)。

如何计算你的测试结果？

1.按照以下说明计分。

· 问题1，3，4，7，10：

– 如果你的回答是“完全同意”，计4分。

– 如果你的回答是“同意”，计3分。

– 如果你的回答是“不同意”，计2分。

– 如果你的回答是“完全不同意”，计1分。

· 问题2，5，6，8，9：

– 如果你的回答是“完全同意”，计1分。

– 如果你的回答是“同意”，计2分。

– 如果你的回答是“不同意”，计3分。

– 如果你的回答是“完全不同意”，计4分。

2.将得分加起来。

如何解读你的得分？

总得分应在10（最低自尊水平）到40（最高自尊水平）之间。

· 如果你的总得分在10至16之间，表示自尊水平偏低，与你的个人感觉是否相符呢？

· 如果你的总得分在34至40之间，你应该属于高自尊人群，这个测试结果可能会进一步提升你的自尊水平。

· 总得分在17至33之间，你属于中等自尊水平人群。这个问卷测试结果并不能将你归类，但你可以自己试一试：你觉得自己属于哪一个人群？高自尊还是低自尊？

注

此得分为纯理论值，因为，在理想情况下，该得分需要与另外数十人（比如同一所学校的所有教师或所有学生）的得分对比。汇集所有测试者的得分之后，分出两大类：高自尊类（得分最高的前25%）和低自尊类（得分最低的25%）。

附录二

“如何改变”自测结果

这个问卷测试的是什么?

这个问卷评估你是否需要改变以及应该在哪些方面进行改变。

如何计算你的测试结果?

通过此问卷，你可以得到四个分数：“对改变的整体需求”的分数和三个“需要改变的方面”的分数。

· 对改变的整体需求：每回答一次“比较符合”得1分，请算出总分。

· 需要改变的方面：

–需要改变你与自身的关系：将问题1，4，7，10，13，16，19的得分加起来。

–需要改变你与行动的关系：将问题2，5，8，11，14，17，20的得分加起来。

–需要改变你与他人的关系：将问题3，6，9，12，15，18，21的得分加起来。

如何解读你的得分？

1. 你对改变的整体需求得分最低为0，最高为21。

· 得分在0到7之间，你对改变的整体需求很小。你可以满足于坐享自尊资本的成果。

· 得分在8到15之间，你对改变的整体需求中等。你肯定需要在自尊方面做出一些个人努力。

· 得分在16到21之间，看起来努力改变会对你有益。跟身边可信的人谈谈，听听他们的建议。

2. 你在每个“需要改变的方面”的得分最低为0，最高为7。

得分越高，越说明相关方面亟待改变。

我们仍然强烈建议你将此问卷得分与自己的想法以及身边亲友的看法放在一起进行对比分析。